Photoshop AI
实战应用从入门到精通

新镜界　编著

中国水利水电出版社

www.waterpub.com.cn

·北京·

内 容 提 要

本书从Photoshop AI创成式填充功能入手，引导读者逐步深入了解Photoshop AI，并通过大量的练习实例和综合实例，帮助读者将理论知识应用于实践，从而快速精通Photoshop AI的实战技术。

全书共9章，内容包括Photoshop AI创成式填充、Photoshop智能抠图、Photoshop智能修图、用智能预设一键调色、Neural Filters滤镜、Camera Raw工具、Alpaca插件、Stable Diffusion插件、AI实战应用综合实例等，可帮助读者全面掌握Photoshop AI的应用技巧，在实际应用中发挥出更大的效用。

本书配送的学习资源有：155分钟同步教学视频、30多组AI绘画提示词和260多个素材效果文件等。

本书内容精辟，实例多样，图片精美，适合想要学习Photoshop AI快速修图技术的读者，包括摄影师、摄影爱好者、设计师、插画师、漫画家、电商美工、自媒体创作者、短视频博主以及美术设计、艺术设计等专业的学生。

图书在版编目（CIP）数据

Photoshop AI实战应用从入门到精通 / 新镜界编著.
北京 ： 中国水利水电出版社，2024. 9. -- ISBN 978-7
-5226-2581-2
Ⅰ. TP391.413
中国国家版本馆CIP数据核字第2024ZN2826号

书　　名	Photoshop AI实战应用从入门到精通
	Photoshop AI SHIZHAN YINGYONG CONG RUMEN DAO JINGTONG
作　　者	新镜界　编著
出版发行	中国水利水电出版社
	（北京市海淀区玉渊潭南路 1 号 D 座　100038）
	网址：www.waterpub.com.cn
	E-mail：zhiboshangshu@163.com
	电话：（010）62572966-2205/2266/2201（营销中心）
经　　售	北京科水图书销售有限公司
	电话：（010）68545874、63202643
	全国各地新华书店和相关出版物销售网点
排　　版	北京智博尚书文化传媒有限公司
印　　刷	河北文福旺印刷有限公司
规　　格	170mm×240mm　16 开本　13.5 印张　302 千字
版　　次	2024 年 9 月第 1 版　2024 年 9 月第 1 次印刷
印　　数	0001—3000 册
定　　价	79.80 元

前　言

本书是初学者自学Photoshop AI设计的经典教程。本书从实用角度对Photoshop AI的功能进行了详细讲解，帮助读者全面掌握Photoshop AI绘画与修图技术。通过学习本书，可掌握一门实用的技能，提升自身的能力。

本书在介绍软件功能的同时，还精心安排了有针对性的实例，可帮助读者轻松掌握软件使用技巧和具体应用场景，做到学以致用。同时，本书的全部实例都配有同步教学视频，详细演示实例的制作过程。

■ 本书特色

1. 由浅入深，循序渐进。首先，本书从Photoshop AI的创成式填充功能讲起；然后，介绍智能抠图、智能修图、AI调色、AI插件等AI技术；最后，介绍Photoshop AI的实战技巧。内容简单易学，由浅入深。读者只要熟练掌握基本的操作，就可以取得一定的成果。

2. 语音视频，讲解详尽。本书的操作技能实例，全部录制了讲解视频。读者可以结合书本学习，也可以独立观看视频演示，像看电影一样进行学习，让学习更加轻松、高效。

3. 实例典型，轻松易学。本书从"创成式填充＋智能抠图＋智能修图＋智能预设一键调色＋插件应用"等多个方面，全面介绍Photoshop AI的用法，让读者更加深入地了解Photoshop AI的应用技巧和绘图方法。

4. 精彩栏目，贴心提醒。书中安排了"技巧提示""知识拓展""专家提示"等，这些栏目可帮助读者更好地掌握和应用所学知识。

5. 应用实践，随时练习。书中提供了"练习实例""综合实例""课后习题"等，便于读者举一反三，通过实践来巩固所学的知识，为进一步学习Photoshop AI绘画技术做好充分的准备。

■ 特别提醒

提醒1：本书虽然是基于当前各种AI工具和软件的界面截取的实际操作图片，但因从编辑到出版需要一段时间，所以这些工具的功能和界面可能会有变动，在阅读时，应根据书中的思路，结合软件实际进行学习（注意，本书使用的Photoshop版本为25.0.0，Camera Raw版本为15.5.1，Alpaca版本为2.9.01，Stable Diffusion版本为1.7.0）。

提醒2：Photoshop和Alpaca插件均支持中文和英文关键词，需要注意的是，即使是相同的关键词，AI工具每次生成的图像内容也会有差别。因此，在扫码观看视频教程时，读者应把更多的注意力放在学习关键词的编写和实操步骤上。

提醒3：使用Alpaca插件时，尽量输入英文关键词，因为它对中文的识别率较低，会影响出图质量。

提醒4：在Stable Diffusion插件中进行AI绘画时，模型和插件的重要性远大于提示词，用户只有使用对应的大模型、VAE模型、LoRA模型和相关插件，才能生成想要的图像效果。

提醒5：在学习本书时，读者需要注意实践操作的重要性。只有通过实践操作，才能更好地掌握Photoshop AI的应用技巧。

■ 资源获取

为了帮助读者更好地学习与实践，本书附赠了丰富的学习资源，包括155分钟的同步教学视频、实例的关键词、实例的素材文件、效果文件和课后习题答案。为了拓展读者的视野，增强实战应用技能，本书额外赠送10大类5200例AI绘画及其提示词。同时，还提供了相关插件的安装说明。读者使用手机微信扫一扫下面的公众号二维码，关注后输入PS2851至公众号后台，即可获取本书相应资源的下载链接。将该链接复制到计算机浏览器的地址栏中（一定要复制到计算机浏览器的地址栏中），根据提示进行下载。读者可加入本书的读者交流圈，与其他读者学习交流，或查看本书的相关资讯。

设计指北公众号　　　　　　　　　读者交流圈

本书由新镜界编著，参与编写的人员还有胡杨、苏高等人，在此表示感谢。由于编者知识水平有限，书中难免有疏漏之处，恳请广大读者批评指正。

编　者
2024年7月

目　　录

AI

Photoshop AI 实战应用从入门到精通

Photoshop AI创成式填充

第1章

  Photoshop 是一款功能强大的图像处理软件，修图与设计是它的主要功能。Photoshop 2024 版本集成了更多的 AI 功能，其中最强大的就是"创成式填充"功能，该功能是 Firefly 在 Photoshop 中的实际应用，使 Photoshop 2024 版成为创作者和设计师不可或缺的工具。本章主要介绍 AI 创成式填充的操作技巧。

📢 本章重点

- Photoshop AI 的基本知识
- Photoshop AI 创成式填充功能
- Photoshop AI 创成式填充功能应用实战
- 综合实例：在天空中生成神奇的极光
- 综合实例：为夜景添加水面倒影
- 综合实例：制作独特的草原风光效果

1.1　Photoshop AI的基本知识

在学习Photoshop AI创成式填充功能前，先来了解Photoshop AI的基本知识，包括Photoshop AI简介、AI对Photoshop的影响以及Photoshop AI的应用场景等，方便读者更好地了解Photoshop AI，为后面的学习奠定良好的基础。

1.1.1　Photoshop AI简介

Photoshop AI（Artificial Intelligence，AI）是指在Photoshop中嵌入了AI技术，如创成式填充、移除工具以及Neural Filters（神经网络滤镜）等，利用这些AI技术来创造和设计艺术作品的过程，它涵盖了各种技术和方法，包括计算机视觉、深度学习、生成对抗网络（Generative Adversarial Network，GAN）等。通过这些技术，Photoshop可以学习艺术风格，并使用这些知识来创造全新的艺术作品。

Photoshop AI绘画技术其实就是通过在原有图像上绘制新的图像，生成更多有趣的图像内容，同时还可以进行智能化的修图处理，通过去除不需要的元素、添加虚构元素，以及提高整体画面的美感，呈现一种更加独特、富有创意和艺术性的图像效果。图1.1所示为使用Photoshop AI创成式填充功能更换人物服装的效果，关键词为"紫色的裙子"。

图1.1　使用Photoshop AI创成式填充功能更换人物服装的效果

【知识拓展】Photoshop AI 绘画的特点。

Photoshop AI绘画是利用AI技术进行图像生成的一种数字艺术形式，使用计算机生成的算法和模型来模拟人类艺术家的创作行为，自动地生成各种类型的数字绘画作品，包括肖像画、风景画、抽象画等。Photoshop AI绘画具有快速、高效、自动化等特点，其技术特点主要在于能够利用AI技术和算法对图像进行处理与创作，实现艺术风格的融合和变换，提升用户的绘画创作体验。

1.1.2 AI对Photoshop的影响

在Photoshop图像处理的历史演进中，经历了"调照片""修照片"等阶段，如今AI技术的发展，使图像处理进入一个"想照片"的新阶段。例如，只要想象一个场景，如"海边风光"，利用Photoshop AI创成式填充功能，即可将它变成一张照片，如图1.2所示。

图1.2 根据想象的场景生成照片

在这个阶段，AI技术可以自主识别拍摄场景并通过自动调整来生成照片。同时，在后期制作过程中，AI可以智能地分析和处理图像，进一步提升照片的表现力。通过智能识别技术，图像处理可以变得更加多样化。因此，可以说在AI技术的持续发展下，"想照片"的AI模式成为一种新的艺术潮流。

▶ **专家提示**

近年来，AI技术的发展改变了人们的生活方式和生产方式。在图像处理领域，AI技术被广泛应用，促进了图像处理技术的快速发展。相较于传统的图像处理技术，AI图像处理具有许多独有的特点，如快速高效、高度逼真和可定制性强等，这些特点不仅提高了图像处理的质量和效率，还为用户带来了全新的体验。

1.1.3 Photoshop AI的应用场景

Photoshop AI技术得到了人们越来越多的关注和研究，同时广泛应用于许多领域，如摄影、电商、广告、电影、游戏、教育等。在这些领域，Photoshop AI绘画的应用可以大大提高生产效率和艺术创作的质量。总之，Photoshop AI将会对许多行业和领域产生重大影响。

AI绘画技术可以用于生成虚拟的产品样品，从而在产品设计阶段帮助设计师更好地进行设计和展示，并得到反馈和修改意见。例如，使用Photoshop AI可以生成电商产品主图或产品细节图，如图1.3所示，关键词为"血珀色手链细节图"。

图1.3　生成电商产品主图或产品细节图

1.2　Photoshop AI创成式填充功能

AI创成式填充功能的原理其实就是AI绘画技术，通过绘制新的图像，或者扩展原有图像的画布生成更多的图像内容，同时还可以进行AI修图处理。有了AI创成式填充功能这种强大的工具，用户可以将创意与技术进行充分结合，并将图像的视觉冲击力发挥到极致。本节以实例的形式介绍创成式填充功能的应用，帮助读者更好地掌握AI创成式填充功能。

1.2.1　练习实例：去除画面中不需要的内容

扫码
看视频

使用Photoshop的"创成式填充"功能，可以一键去除图像中的杂物或任何不想要的元素，它是通过AI绘画的方式，而不是像原来一样通过"内容识别"或"近似匹配"的方式来填充去除元素的区域，因此填充效果更好。原图与效果图对比如图1.4所示。

图1.4　原图与效果图对比

下面介绍去除画面中不需要的内容的操作方法。

步骤 01 单击"文件"|"打开"命令，打开一幅素材图像，选择工具箱中的套索工具 ⟨，如图1.5所示。

步骤 02 运用套索工具 ⟨在画面中的相应图像周围按住鼠标左键并拖曳，框住画面中的相应元素，如图1.6所示。

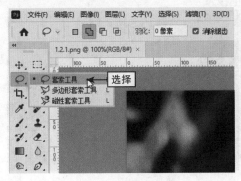

图1.5 选择套索工具　　　　　　　图1.6 框住画面中的相应元素

▶ 专家提示

在 Photoshop 中，套索工具 ⟨是一种用于选择图像区域的工具，可以让用户手动绘制一个不规则的选区，以便在选定区域内进行编辑、移动、删除或应用其他操作。在使用套索工具 ⟨时，用户可以按住鼠标左键并拖曳来勾勒出想要选择的区域，从而更精确地控制图像编辑的范围。

步骤 03 松开鼠标左键，即可创建一个不规则的选区，在浮动工具栏中单击"创成式填充"按钮，如图1.7所示。

步骤 04 在浮动工具栏中单击"生成"按钮，如图1.8所示。稍等片刻，即可去除选区中的图像元素。

图1.7 单击"创成式填充"按钮　　　　图1.8 单击"生成"按钮

1.2.2　练习实例：在风光照片中生成动物元素

扫码
看视频　　　　使用Photoshop的"创成式填充"功能，可以在图像的局部区域进行AI绘画操作。用户只需要在画面中框选某个区域，然后输入想要生成的内容关键词，即可生成对应的图像内容。原图与效果图对比如图1.9所示。

图1.9　原图与效果图对比

下面介绍在风光照片中生成动物元素的操作方法。

步骤 01　单击"文件"|"打开"命令，打开一幅素材图像，运用套索工具 🔾 创建一个不规则的选区，如图1.10所示。

步骤 02　在浮动工具栏中单击"创成式填充"按钮，在浮动工具栏左侧的输入框中输入关键词"老鹰"，如图1.11所示。

图1.10　创建不规则的选区　　　　　　　图1.11　输入关键词

步骤 03　单击"生成"按钮，即可生成相应的图像效果，如图1.12所示。注意，即使使用相同的关键词，Photoshop的"创成式填充"功能每次生成的图像效果也不一样。在生成式图层的"属性"面板中的"变化"选项区中选择不同的图像，即可改变画面中生成的图像效果。

▶ 专家提示

　　"创成式填充"功能利用先进的AI算法和图像识别技术，能够自动从周围的环境中推断出缺失的图像内容，并智能地进行填充。"创成式填充"功能使得去除不需要的元素或补全缺失的图像部分变得更加容易，节省了用户大量的时间和精力。

图1.12　生成图像的效果

1.2.3　练习实例：扩展室内物品的右侧区域

扫码
看视频

在Photoshop中扩展图像的画布后，使用"创成式填充"功能可以自动填充空白的画布区域，生成与原图像匹配的内容。原图与效果图对比如图1.13所示。

图1.13　原图与效果图对比

下面介绍扩展室内物品右侧区域的操作方法。

步骤 01　单击"文件"|"打开"命令，打开一幅素材图像，在菜单栏中单击"图像"|"画布大小"命令，如图1.14所示。

步骤 02　执行操作后，弹出"画布大小"对话框，选择相应的定位方向，并设置"宽度"为1200像素，如图1.15所示。

步骤 03　单击"确定"按钮，即可从右侧扩展图像画布，效果如图1.16所示。

步骤 04　选择工具箱中的矩形选框工具，在右侧的空白画布上创建一个矩形选区，如图1.17所示。

步骤 05　在浮动工具栏中单击"创成式填充"按钮，如图1.18所示。

步骤 06　执行操作后，在浮动工具栏中单击"生成"按钮，如图1.19所示。

步骤 07　稍等片刻，即可在空白的画布中生成相应的图像内容，且能够与原图像无缝融合。

图1.14 单击"画布大小"命令

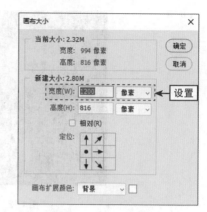

图1.15 设置"宽度"参数

图1.16 从右侧扩展图像画布

图1.17 创建矩形选区

图1.18 单击"创成式填充"按钮

图1.19 单击"生成"按钮

1.3　Photoshop AI创成式填充功能应用实战

　　借助Photoshop的"创成式填充"功能，通过巧妙的设计和优化，可以打造出引人注目的图像效果，可以从修图、排版到创意设计，对每个细节都进行精心雕琢，以突出图像的特点，提升图像的吸引力。本节主要介绍Photoshop AI创成式填充功能应用实战，帮助读者巩固所学知识。

1.3.1 练习实例：设计商品图片的广告背景

扫码
看视频

当做好商品图片后，如果觉得背景效果不太满意，可以使用"创成式填充"功能重新设计商品图片的广告背景。原图与效果图对比如图1.20所示。

图1.20　原图与效果图对比

下面介绍设计商品图片的广告背景的操作方法。

步骤 01　单击"文件"|"打开"命令，打开一幅素材图像，在浮动工具栏中单击"选择主体"按钮，如图 1.21 所示。

步骤 02　执行操作后，即可在主体上创建一个选区，如图 1.22 所示。

图1.21　单击"选择主体"按钮　　　　　图1.22　创建一个选区

步骤 03　在选区下方的浮动工具栏中单击"反相选区"按钮 ，如图 1.23 所示。

步骤 04　执行操作后，即可反选选区，单击"创成式填充"按钮，如图 1.24 所示。

步骤 05　在浮动工具栏中输入相应的关键词，单击"生成"按钮，如图 1.25 所示。

步骤 06　执行操作后，即可改变背景效果，在浮动工具栏中单击"下一个变体"按钮 ，如图 1.26 所示，即可更换其他的背景样式。

图1.23 单击"反相选区"按钮

图1.24 单击"创成式填充"按钮

图1.25 单击"生成"按钮

图1.26 单击"下一个变体"按钮

▶ 专家提示

　　Photoshop AI 绘画技术可以帮助设计师和广告制作人员快速生成各种平面设计和宣传资料，如广告海报、宣传图等图像素材。

1.3.2　练习实例：快速去除广告图片中的多余文字

扫码
看视频

　　如果广告图片中有多余的文字或水印，用户可以使用"创成式填充"功能快速去除这些内容。原图与效果图对比如图1.27所示。

图1.27 原图与效果图对比

下面介绍快速去除广告中的多余文字的操作方法。

步骤 01 单击"文件"|"打开"命令，打开一幅素材图像，选择工具箱中的矩形选框工具[::]，在左侧的文字上创建一个矩形选区，单击"创成式填充"按钮，如图1.28所示。

步骤 02 执行操作后，在浮动工具栏中单击"生成"按钮，如图1.29所示，即可去除选区中的文字。

图1.28　单击"创成式填充"按钮

图1.29　单击"生成"按钮

1.3.3　练习实例：去除服装模特广告图片中多余的人物

在拍摄广告图片素材时，难免会拍到一些路人，此时即可使用"创成式填充"功能一键去除路人。原图与效果图对比如图1.30所示。

图1.30　原图与效果图对比

下面介绍去除服装模特广告图中多余人物的操作方法。

步骤 01 单击"文件"|"打开"命令，打开一幅素材图像，选择工具箱中的套索工具⌀，沿着相应人物的边缘创建一个选区，在浮动工具栏中单击"创成式填充"按钮，如图1.31所示。

步骤 02 执行操作后，在浮动工具栏中单击"生成"按钮，如图 1.32 所示，即可去除选区中的人物。

图 1.31 单击"创成式填充"按钮　　　　图 1.32 单击"生成"按钮

1.3.4 练习实例：为广告图片添加产品元素

扫码
看视频

在做电商广告图时，可以使用"创成式填充"功能在画面中快速添加一些广告元素或产品对象，使广告效果更具吸引力。原图与效果图对比如图 1.33 所示。

图 1.33　原图与效果图对比

下面介绍为广告图片添加产品元素的操作方法。

步骤 01 单击"文件"|"打开"命令，打开一幅素材图像，选择工具箱中的套索工具 ⫰，在右下方创建一个不规则选区，单击"创成式填充"按钮，如图 1.34 所示。

步骤 02 在左侧的输入框中输入关键词"一双女士小白鞋"，单击"生成"按钮，如图 1.35 所示，即可创建电商产品对象。

图1.34 单击"创成式填充"按钮　　　　图1.35 单击"生成"按钮

【技巧提示】对不规则选区进行移动与保存操作。

在 Photoshop 中使用 AI 功能生成新图像时，如果用户对选区的位置不太满意，可以对选区进行调整。选择工具箱中的任意选框工具，将鼠标指针移至选区内，当鼠标指针呈形状时，表示可以移动，此时单击并拖曳，即可将选区移动至图像的另一个位置。如果使用移动工具对选区进行移动操作，则会对选区内的图像进行剪切。

另外，在图像中创建不规则选区后，单击"选择"|"存储选区"命令，可以将该选区进行保存，方便以后调用。

扫码
看视频

1.3.5　练习实例：用AI重新生成广告主体

用户在设计电商广告图片时，如果对图片中的商品主体效果不满意，可以使用"创成式填充"功能快速更换主体。原图与效果图对比如图1.36所示。

图1.36　原图与效果图对比

下面介绍用AI重新生成广告主体的操作方法。

步骤 01 单击"文件"|"打开"命令，打开一幅素材图像，选择工具箱中的椭圆选框工具，并按住 Alt + Shift 组合键，创建一个正圆选区，如图 1.37 所示。

步骤 02 在浮动工具栏中单击"创成式填充"按钮，输入关键词"西餐糕点"，如图1.38所示。单击"生成"按钮，即可生成相应的美食图像。

图1.37　创建正圆选区

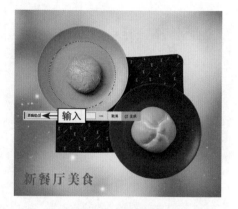

图1.38　输入相应关键词

【技巧提示】与创建椭圆选区有关的操作技巧。

- 按 Shift ＋ M 组合键，可快速选择椭圆选框工具。
- 按 Shift 键，可创建正圆选区。
- 按 Alt 键，可创建以起点为中心的椭圆选区。
- 按 Alt ＋ Shift 组合键，可创建以起点为中心的正圆选区。

1.3.6　练习实例：将白色衣服换成黄色衣服

扫码
看视频

使用Photoshop中的"创成式填充"功能给人物换装也非常轻松，而且换装效果很自然。原图与效果图对比如图1.39所示。

图1.39　原图与效果图对比

下面介绍将白色衣服换成黄色衣服的操作方法。

步骤 01 单击"文件"|"打开"命令，打开一幅素材图像，使用矩形选框工具 □ 在服装区域创建一个矩形选区，如图1.40所示。

步骤 02 在工具栏中单击"创成式填充"按钮，输入关键词"黄色的服装"，单击"生成"按钮，如图 1.41 所示，即可更换人物的服装，效果如图 1.39 所示。

图1.40　创建一个矩形选区

图1.41　单击"生成"按钮

【技巧提示】与创建矩形选区有关的操作技巧。

- 按 M 键，可以选择矩形选框工具。
- 按住 Shift 键，可以创建正方形选区。
- 按住 Alt 键，可以创建以起点为中心的矩形选区。
- 按住 Alt ＋ Shift 组合键，可以创建以起点为中心的正方形选区。

【知识拓展】了解矩形选框工具属性栏。

矩形选框工具属性栏中部分选项的含义如下。

- 羽化：设置选区的羽化范围。
- 样式：设置创建选区的方法。选择"正常"选项，可以通过拖动鼠标指针创建任意大小的选区；选择"固定比例"选项，可在右侧设置"宽度"和"高度"的数值。单击 按钮，可以切换"宽度"和"高度"值。
- 调整边缘：对选区进行平滑、羽化等处理。

1.4　综合实例：在天空中生成神奇的极光

极光是一种神秘而美丽的自然现象，也是一种非常吸引人的视觉元素，通过在照片中添加极光，可以增加照片的光影效果。原图与效果图对比如图 1.42 所示。

扫码
看视频

图1.42　原图与效果图对比

下面介绍在天空中生成神奇的极光的操作方法。

步骤 01 单击"文件"|"打开"命令，打开一幅素材图像，在工具箱中选择快速选择工具 ，如图1.43所示。

步骤 02 将鼠标指针移至图像编辑窗口中的天空位置，按住鼠标左键并拖曳，即可在天空区域创建选区，如图1.44所示。

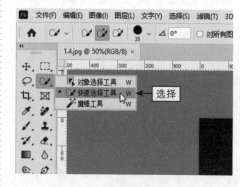

图1.43　选择快速选择工具　　　　　　　　图1.44　在天空区域创建选区

步骤 03 在工具栏中单击"创成式填充"按钮，输入关键词"极光"，单击"生成"按钮，如图1.45所示。稍等片刻，即可为夜空照片添加极光效果。

图1.45　单击"生成"按钮

【知识拓展】使用快速选择工具的注意事项。

　　快速选择工具默认选择鼠标指针周围颜色类似且连续的图像区域，因此鼠标指针的大小决定着选取的范围。

1.5　综合实例：为夜景添加水面倒影

扫码
看视频

　　在风景照片中添加水面倒影效果，可以使照片呈现出天空之镜的奇观美景。原图与效果图对比如图1.46所示。

图1.46　原图与效果图对比

　　下面介绍为夜景添加水面倒影的操作方法。

步骤 01　单击"文件"|"打开"命令，打开一幅素材图像，单击"图像"|"画布大小"命令，弹出"画布大小"对话框，选择相应的定位方向，并设置"高度"为1500像素，如图1.47所示。

步骤 02　单击"确定"按钮，即可扩展画布下方的区域，如图1.48所示。

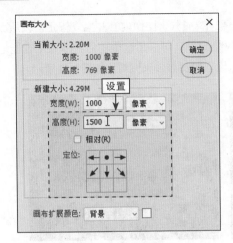

图1.47　设置相应参数

图1.48　扩展画布下方的区域

▶ 专家提示

　　画布是指实际打印的工作区域，图像画面尺寸的大小是指当前图像周围工作空间的大小，改变画布大小会影响图像最终的输出效果。

步骤 03　选择工具箱中的矩形选框工具，通过拖曳鼠标的方式，在图像下方创建一个矩形选区，如图 1.49 所示。

步骤 04　在工具栏中单击"创成式填充"按钮，输入关键词"倒影"，单击"生成"按钮，如图 1.50 所示。稍等片刻，即可为风景照片添加水面倒影。

图1.49　创建一个矩形选区

图1.50　单击"生成"按钮

 扫码
看视频 **1.6　综合实例：制作独特的草原风光效果**

　　Photoshop 中的"创成式填充"功能可以通过智能分析图像内容并生成新元素，从而来扩充和增强图像效果。例如，有一张草原风景照片，可以用这个功能在草原上智能地添加帐篷、动物等元素丰富画面的细节和趣味性。原图与效果图对比如图 1.51 所示。

图1.51　原图与效果图对比

下面介绍制作独特的草原风光效果的操作方法。

步骤 01 单击"文件"|"打开"命令，打开一幅素材图像，选择工具箱中的矩形选框工具▢▢，创建一个矩形选区，如图1.52所示。

步骤 02 在工具栏中单击"创成式填充"按钮，输入关键词"帐篷"，如图1.53所示。

图1.52 创建矩形选区

图1.53 输入相应关键词

步骤 03 单击"生成"按钮，即可生成相应的帐篷图像，效果如图1.54所示。"创成式填充"功能可以分析草原的色彩、光影等视觉信息，然后自动生成风格一致的新内容。

步骤 04 运用矩形选框工具▢▢再次创建一个矩形选区，在"属性"面板的"提示"输入框中输入关键词"小狗"，并单击"生成"按钮，如图1.55所示。执行操作后，即可生成相应的小狗图像。

图1.54 生成帐篷图像

图1.55 单击"生成"按钮

本章小结

本章主要讲解了Photoshop AI创成式填充功能的应用。首先，介绍了Photoshop AI的基本知识，让读者对Photoshop AI的基本概念与应用场景有所了解；其次，介绍了Photoshop AI创成式填充功能；最后，介绍了Photoshop AI创成式填充功能的应用实战，通过多个 Photoshop 典型案例详细讲解了创成式填充功能的实际应用。读者学完本章以后可以自由绘制想要的图像内容。

课后习题

1. 使用创成式填充功能扩展图像两侧的区域，原图与效果图对比如图 1.56 所示。

扫码
看视频

图 1.56　原图与效果图对比

2. 使用创成式填充功能去除风光照片中多余的元素，原图与效果图对比如图 1.57 所示。

扫码
看视频

图 1.57　原图与效果图对比

Photoshop 智能抠图

第 2 章

抠图是一种常用的 Photoshop 后期处理技术，通过精准的抠图处理，可以轻松打造出专业级的风光图像或电商图片效果。无论是图像后期处理还是电商美工设计，使用 Photoshop 的抠图技巧，都将为作品增添无限可能。本章将详细介绍 Photoshop 的智能抠图技术，提高用户的操作效率。

📢 本章重点

- 常用的 AI 抠图命令和功能
- 其他的 AI 抠图工具
- 综合实例：复杂的人物抠图与更换背景

2.1 常用的 AI 抠图命令和功能

在图像处理或平面设计中，掌握常用的 Photoshop 抠图方法是至关重要的一步。无论是去掉背景、提取主体对象，还是创建逼真的合成场景，熟悉并掌握 Photoshop 抠图方法将为读者轻松打开图像设计的"创作之门"。

本节将介绍 Photoshop 的 AI 抠图方法，让读者能够轻松实现图像抠图操作，并为作品带来更大的视觉冲击力。

2.1.1 练习实例：使用"主体"命令抠取商品对象

扫码
看视频

使用 Photoshop 的"主体"命令，可以快速识别出商品图片中的主体对象，从而完成抠图操作。原图与效果图对比如图 2.1 所示。

图 2.1 原图与效果图对比

下面介绍使用"主体"命令抠取商品对象的操作方法。

步骤 01 单击"文件"|"打开"命令，打开一幅素材图像，在菜单栏中单击"选择"|"主体"命令，如图 2.2 所示。

步骤 02 执行操作后，即可自动选中图像中的商品主体部分，如图 2.3 所示。按 Ctrl + J 组合键复制一个新图层，并隐藏"图层 1"图层，即可抠出主体部分。

图 2.2 单击"主体"命令　　　　　　　图 2.3 选中图像中的商品对象

> ▶ **专家提示**
>
> 　　Photoshop 的"主体"命令采用了先进的机器学习技术，经过学习训练后能够识别图像上的多种对象，包括人物、动物、车辆、玩具等。

2.1.2　练习实例：使用"天空"命令将天空图像换成日落夕阳

扫码
看视频

　　使用 Photoshop 的"天空"命令，可以快速识别出图像中的天空部分，从而完成抠图处理，同时还可以结合"创成式填充"功能绘制新的天空效果，如果用户对图像中的天空效果不满意，就可以使用此方法进行"换天"。原图与效果图对比如图2.4所示。

图2.4　原图与效果图对比

　　下面介绍使用"天空"命令将天空图像换为日落夕阳的操作方法。

步骤 01 单击"文件"|"打开"命令，打开一幅素材图像，单击菜单栏中的"选择"|"天空"命令，自动选中图像中的天空部分，如图 2.5 所示。

步骤 02 在工具栏中单击"创成式填充"按钮，输入关键词"日落夕阳"，单击"生成"按钮，如图 2.6 所示，执行操作后，即可生成新的天空图像。

图2.5　选中天空部分　　　　　　　　　　图2.6　单击"生成"按钮

2.1.3　练习实例：使用"色彩范围"命令抠图调色

扫码
看视频

　　使用"色彩范围"命令可以快速创建选区进行精准的抠图处理。原图与效果图对比如图2.7所示。

图2.7 原图与效果图对比

"色彩范围"是一个利用图像中的颜色变化关系来制作选择区域的命令,此命令根据选取色彩的相似程度,在图像中提取相似的色彩区域而生成选区。

下面介绍使用"色彩范围"命令抠图调色的操作方法。

步骤 01 单击"文件"|"打开"命令,打开一幅素材图像,单击"选择"|"色彩范围"命令,弹出"色彩范围"对话框,设置"颜色容差"为120,使用添加到取样工具 ,在黄色图像上多次单击,如图 2.8 所示。

步骤 02 单击"确定"按钮,即可选中相应图像,如图2.9所示。

图2.8 在黄色图像上多次单击　　　　图2.9 选中相应图像

【知识拓展】"色彩范围"对话框介绍。

"色彩范围"对话框中部分选项的基本含义如下。

● 选择:用来设置选区的创建方式。选择"取样颜色"选项时,可将鼠标指针放在文档窗口中的图像上,或在"色彩范围"对话框中的预览图像上单击,对颜色进行取样。可以添加颜色取样,也可以减去颜色取样。

● 本地化颜色簇:勾选该复选框后,拖动"范围"滑块可以控制要包含在蒙版中的颜色与取样的最大和最小距离。

● 颜色容差:用来控制颜色的选择范围,该值越高,包含的颜色越广。

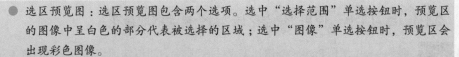

- 选区预览图：选区预览图包含两个选项。选中"选择范围"单选按钮时，预览区的图像中呈白色的部分代表被选择的区域；选中"图像"单选按钮时，预览区会出现彩色图像。

- 选区预览：设置文档的选区预览方式。选择"无"选项，表示不在窗口中显示选区；选择"灰度"选项，可以按照选区在灰度通道中的外观显示选区；选择"灰色杂边"选项，可在未选择的区域上覆盖一层黑色；选择"白色杂边"选项，可在未选择的区域上覆盖一层白色；选择"快速蒙版"选项，可以显示选区在快速蒙版状态下的效果，此时，未选择的区域会覆盖一层红色。

- 载入 / 存储：单击"存储"按钮时，可将当前的设置保存为选区预设；单击"载入"按钮时，可以载入存储的选区预设文件。

- 反相：可以反转选区。

步骤 03 单击"图像"|"调整"|"色相 / 饱和度"命令，弹出"色相 / 饱和度"对话框，在其中设置"色相"为 +43，如图 2.10 所示。

步骤 04 单击"确定"按钮，即可更改图像的颜色，如图 2.11 所示，按 Ctrl ＋ D 组合键，取消选区。

图 2.10　设置"色相"为 43

图 2.11　最终效果

【知识拓展】"色相 / 饱和度"命令的介绍。

使用 Photoshop 中的"色相 / 饱和度"命令，可以调整整幅图像或单个颜色分量的色相、饱和度和明度值，还可以同步调整图像中所有的颜色。

"色相 / 饱和度"对话框中部分选项的含义如下。

- 预设：在"预设"下拉列表框中提供了 8 种色相 / 饱和度预设方案，如增加饱和度、红色提升、深褐以及黄色提升等。

- 通道：在"通道"下拉列表框中可以选择全图、红色、黄色、绿色、青色、蓝色和洋红通道，进行色相、饱和度和明度的参数调整。

- 着色：选中该复选框后，图像会整体偏向单一的红色调。

- 🖑 ：使用该工具在图像上单击设置取样点后，向右拖曳🖑可以增加图像的饱和度，向左拖曳🖑可以降低图像的饱和度。

2.1.4 练习实例：使用"焦点区域"命令自动抠取荷花

扫码
看视频

　　使用 Photoshop 的"焦点区域"命令，可以快速选择图像中的对焦对象，并将其与图像的其余部分分离，方便用户对景深较为明显的图像进行快速抠图操作，可以提升抠图效率。原图与效果图对比如图2.12所示。

图2.12　原图与效果图对比

　　下面介绍使用"焦点区域"命令自动抠取荷花的操作方法。

步骤 01 单击"文件"|"打开"命令，打开一幅素材图像，单击"选择"|"焦点区域"命令，如图 2.13 所示。

步骤 02 在弹出的"焦点区域"对话框中，单击"视图"右侧的下拉按钮，在弹出的列表框中选择"闪烁虚线"选项，如图 2.14 所示。

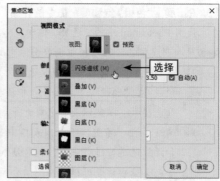

图2.13　单击"焦点区域"命令　　　　　图2.14　选择"闪烁虚线"选项

步骤 03 在"参数"选项区中，设置"焦点对准范围"为 5.5，如图 2.15 所示。

步骤 04 单击"确定"按钮，即可快速抠取图像中的荷花对象，为荷花创建选区，如图 2.16 所示。

图2.15　设置"焦点对准范围"参数

图2.16　为荷花创建选区

【知识拓展】"视图"下拉列表框中相应选项的应用。

　　单击"视图"右侧的下拉按钮，在弹出的列表框中若选择"黑底"选项，则抠取出来的图像以黑底显示；若选择"白底"选项，则抠取出来的图像以白底显示。

步骤 05　选择工具箱中的套索工具 ⚲，在工具属性栏中单击"添加到选区"按钮 ⬚ 和"从选区减去"按钮 ⬚，如图 2.17 所示。

步骤 06　在荷花选区上添加和减去相应选区，对荷花选区进行优化处理，如图 2.18 所示。

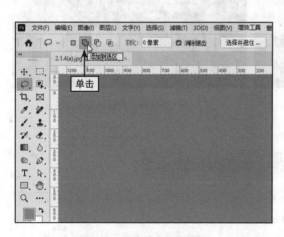

图2.17　依次单击相应按钮

图2.18　添加和减去相应选区

步骤 07　按 Ctrl＋J 组合键复制一个新图层，得到"图层 1"图层，如图 2.19 所示。

步骤 08　单击"文件"|"打开"命令，打开一幅素材图像，如图 2.20 所示。

图2.19　复制一个新图层

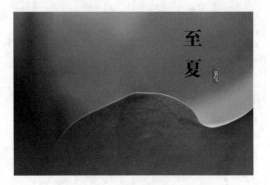

图2.20　打开一幅素材图像

【技巧提示】复制新图层的其他方法。

在 Photoshop 中单击"图层"|"新建"|"通过拷贝的图层"命令，也可以复制一个新图层。

步骤 09　切换至抠取的荷花素材图像窗口，然后将步骤07中复制的新图层粘贴至打开的素材图像中，如图 2.21 所示。

步骤 10　按 Ctrl ＋ T 组合键，调整荷花图像的大小和位置，如图 2.22 所示，按 Enter 键确认，即可完成图像的抠图处理。

图2.21　复制并粘贴素材图像

图2.22　调整荷花图像的大小和位置

2.1.5　练习实例：使用"选择主体"功能更换婚纱背景

扫码看视频　　　Photoshop 的"选择主体"功能采用了先进的机器学习技术，经过学习训练后能够识别图像上的多种对象，包括人物、动物、车辆、玩具等，可以帮助用户在图像中的主体对象上快速创建一个选区，便于进行抠图和合成处理。原图与效果图对比如图 2.23 所示。

图 2.23　原图与效果图对比

下面介绍使用"选择主体"功能更换婚纱照背景的操作方法。

步骤 01 单击"文件"|"打开"命令，打开一幅素材图像，在图像下方的浮动工具栏中，单击"选择主体"按钮，如图 2.24 所示。

步骤 02 执行操作后，即可在图像中的人物主体上创建一个选区，如图 2.25 所示。

图 2.24　单击"选择主体"按钮　　　　　　　**图 2.25　创建一个选区**

步骤 03 按 Ctrl + J 组合键复制一个新图层，并隐藏"图层 1"图层，图像效果如图 2.26 所示。

步骤 04 按 Ctrl + T 组合键，调整人物的大小和位置，如图 2.27 所示，按 Enter 键确认操作，即可完成图像的抠图处理。

调整

图 2.26　隐藏图层后的效果　　　　　图 2.27　最终效果

2.1.6　练习实例：使用"删除背景"功能更换名片背景

扫码
看视频

对于轮廓比较清晰的图像主体，可以使用 Photoshop 的"删除背景"功能快速进行抠图。原图与效果图对比如图 2.28 所示。

图 2.28　原图与效果图对比

下面介绍使用"删除背景"功能更换名片背景的操作方法。

步骤 01 单击"文件"|"打开"命令，打开一幅素材图像，在"图层"面板中，选择"图层1"图层，如图2.29所示。

步骤 02 单击"窗口"|"属性"命令，展开"属性"面板，在"快速操作"选项区中单击"删除背景"按钮，如图2.30所示，即可抠出画面中的主体对象。

图2.29 选择"图层1"图层

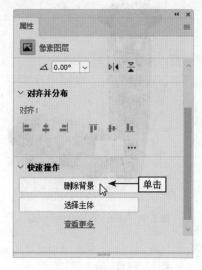

图2.30 单击"删除背景"按钮

2.1.7 练习实例：使用"移除背景"功能制作广告效果

扫码
看视频

Photoshop 2024提供了一个便捷操作的浮动工具栏，其中有一个非常实用的"移除背景"功能，可以帮助用户快速进行抠图处理。原图与效果图对比如图2.31所示。

图2.31 原图与效果图对比

下面介绍使用"移除背景"功能制作广告效果的操作方法。

步骤 01 单击"文件"|"打开"命令，打开一幅素材图像，在"图层"面板中，选择"图层 1"图层，在图像下方的浮动工具栏中单击"移除背景"按钮，如图 2.32 所示。

步骤 02 执行操作后，即可抠出主体图像，如图 2.33 所示。

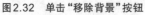

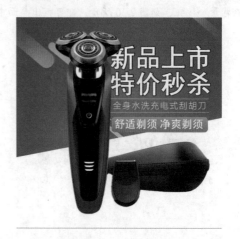

图 2.32　单击"移除背景"按钮　　　　　　图 2.33　抠出主体图像

步骤 03 按 Ctrl＋T 组合键，调整主体图像的大小和位置，如图 2.34 所示，按 Enter 键确认操作，即可完成图像的抠图处理。

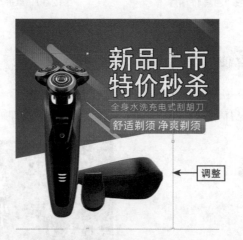

图 2.34　调整主体图像的大小和位置

2.2　其他的 AI 抠图工具

在图像后期处理过程中，由于拍摄照片时的取景问题，常常会使拍摄出来的照片内容过于复杂，如果直接使用容易削弱图像画面的表现力，因此需要抠出主体部分单独使用。本节将介绍使用 Photoshop 中其他的 AI 工具进行精准抠图的方法。

2.2.1 练习实例：使用对象选择工具抠取女士钱包

对象选择工具 ▣ 可以快速识别图像中的某些对象，只需要用该工具进行简单标记，就可以自动生成复杂的选区，实现精准抠图。对象选择工具 ▣ 与传统抠图工具不同，它可以明显感知物体的完整边界，大幅提高抠图质量。原图与效果图对比如图2.35所示。

图2.35 原图与效果图对比

下面介绍使用对象选择工具抠取女士钱包的操作方法。

步骤 01 单击"文件"|"打开"命令，打开一幅素材图像。在"图层"面板中，选择"图层1"图层，选择工具箱中的对象选择工具 ▣，将鼠标指针移至钱包图像上，即能自动识别物体的完整轮廓，并显示为一个红色蒙版，如图2.36所示。

步骤 02 单击，即可在钱包图像上创建一个选区，如图2.37所示。

图2.36 显示红色蒙版

图2.37 在钱包图像上创建一个选区

步骤 03 在"图层"面板中，按 Ctrl ＋ J 组合键复制一个新图层，如图 2.38 所示。

步骤 04 隐藏"图层 1"图层，如图 2.39 所示，即可抠出钱包图像。

图 2.38　复制一个新图层

图 2.39　隐藏"图层 1"图层

2.2.2　练习实例：使用魔术橡皮擦工具抠取主播头像

扫码
看视频　　　运用魔术橡皮擦工具 可以擦除图像中所有与单击处颜色相近的像素。当在被锁定透明像素的普通图层中擦除图像时，被擦除的图像将更改为背景色；当在"背景"图层或普通图层中擦除图像时，被擦除的图像将显示为透明色。魔术橡皮擦工具 常用于背景较简单的抠图处理，原图与效果图对比如图 2.40 所示。

图 2.40　原图与效果图对比

下面介绍使用魔术橡皮擦工具抠取主播头像的操作方法。

步骤 01 单击"文件"|"打开"命令，打开一幅素材图像，选择工具箱中的魔术橡皮擦工具 ，如图 2.41 所示。

步骤 02 保持工具属性栏中的默认设置，将鼠标指针移至白色背景区域上，如图 2.42 所示，单击，即可擦除背景，抠出女主播头像。

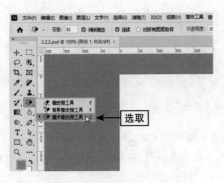

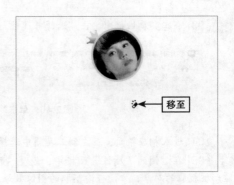

图 2.41　选取魔术橡皮擦工具　　　　　　　　图 2.42　移至白色背景区域上

2.2.3　练习实例：使用快速选择工具抠取动物毛发

扫码
看视频

选择快速选择工具，在工具属性栏中可以调整画笔的笔触、硬度和间距等参数，通过在图像上单击或拖动可以创建选区。拖动时，选区会向外扩展并自动查找和跟随图像中定义的边缘，对选区进行修饰处理后，可以快速抠出动物的毛发。原图与效果图对比如图 2.43 所示。

图 2.43　原图与效果图对比

下面介绍使用快速选择工具抠取动物毛发的操作方法。

步骤 01　单击"文件"|"打开"命令，打开一幅素材图像，选择工具箱中的快速选择工具，如图 2.44 所示。

步骤 02　在动物图像上按住鼠标左键并拖曳，创建一个选区，如图 2.45 所示。

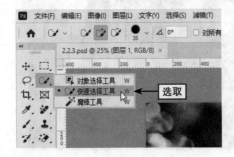

图 2.44　选择快速选择工具　　　　　　　　图 2.45　创建一个选区

35

步骤 03 在工具属性栏中单击"选择并遮住"按钮，如图2.46所示。

图2.46 单击"选择并遮住"按钮

步骤 04 进入相应界面，在左侧工具箱中选择调整边缘画笔工具，如图2.47所示。

步骤 05 在右侧的"属性"面板中，设置"视图"为"叠加"，如图2.48所示，以红色区域显示被抠取的对象，方便查看抠取的图像效果。

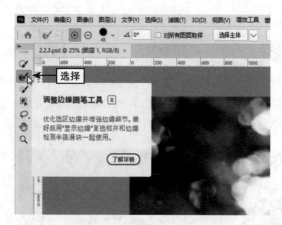

图2.47 选取调整边缘画笔工具

图2.48 设置"视图"为"叠加"

步骤 06 在"全局调整"选项区中，设置"羽化"为1.5像素、"移动边缘"为-3%，勾选"净化颜色"复选框，设置"输出到"为"新建图层"，如图2.49所示。这一步的作用是使抠取的图像边缘更加平滑、自然，然后将抠取的选区图像放置在新建的图层中。

步骤 07 在中间的图像编辑窗口中，以红色区域显示被抠取的对象，如图2.50所示。

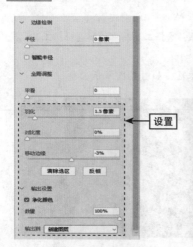

图2.49 设置各选项

图2.50 以红色区域显示对象

步骤 08 在小狗边缘的毛发处，按住鼠标左键并拖曳，精细抠取小狗的毛发，如图 2.51 所示。

步骤 09 用同样的方法，在小狗边缘的其他毛发处进行涂抹，抠取小狗边缘的毛发，被抠取的区域显示为红色，如图 2.52 所示。

图2.51 抠取小狗的毛发

图2.52 被抠取的区域显示为红色

步骤 10 图像抠取完成后，单击右下角的"确定"按钮，返回 Photoshop 图像编辑窗口，此时可以看到小狗图像已经被抠取出来了，如图 2.53 所示。

步骤 11 被抠取的小狗图像自动生成了"图层 1 拷贝"图层，小狗图像所在的原图层被自动隐藏，如图 2.54 所示。

图2.53 查看抠取的图像效果

图2.54 "图层"面板

2.2.4 练习实例：使用魔棒工具快速抠取主体对象

扫码
看视频

魔棒工具 的作用是在一定的容差值（默认值为 32）范围内，将颜色相同的区域同时选中，建立选区以达到抠出商品图像的目的。原图与效果图对比如图 2.55 所示。

图2.55　原图与效果图对比

下面介绍使用魔棒工具快速抠取主体对象的操作方法。

步骤 01　单击"文件"|"打开"命令，打开一幅素材图像，选择工具箱中的魔棒工具 ，在工具属性栏中设置"容差"为3，移动鼠标指针至图像编辑窗口中，在白色背景上多次单击，即可选中背景区域，如图2.56所示。

步骤 02　单击"选择"|"反选"命令，反选选区，如图2.57所示，按 Ctrl＋J 组合键复制一个新图层，并隐藏"图层1"图层，即可抠出商品主体。

图2.56　选中背景区域

图2.57　反选选区

【技巧提示】魔棒工具的相关操作技巧。

　　在使用魔棒工具选取图像时，如果在工具属性栏中勾选"连续"复选框，则只选取与单击处相邻的、容差范围内的颜色区域。在选择多个不连续、但性质相同的图像区域时，可以勾选"连续"复选框，从而不必一个一个地单击选取，在抠图过程中可以节省很多时间。

2.2.5　练习实例：使用磁性套索工具抠取冰箱图像

扫码
看视频

　　磁性套索工具 具有类似磁铁般的磁性特点，在操作时画面上方会出现自动跟踪的线，这条线总是会走向一种颜色与另一种颜色的边界处。边界越明显，磁性套索工具 🔏 的磁力就越强，通过连接工具所选区域的首尾，即可完成选区的创建。原图与效果图对比如图2.58所示。

图2.58 原图与效果图对比

下面介绍使用磁性套索工具抠取冰箱图像的操作方法。

步骤 01 单击"文件"|"打开"命令，打开一幅素材图像，选择工具箱中的磁性套索工具 🔏，在商品主体边缘的合适位置处单击，并沿着需要抠取的图像边缘进行移动，鼠标指针经过的地方会生成一条线，如图2.59所示。

步骤 02 选取需要抠图的部分，在开始点处单击，即可建立选区，如图2.60所示。按 Ctrl ＋ J 组合键，复制选区内的图像，建立一个新图层，并隐藏"图层 1"图层，即可抠出冰箱图像。

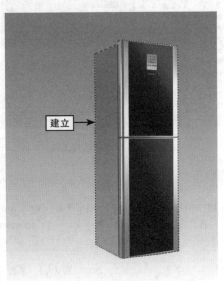

图2.59 生成一条线　　　　　　　　图2.60 建立选区

2.3　综合实例：复杂的人物抠图与更换背景

有时拍摄的人物背景不好看，需要给人物更换背景，此时可以结合多个工具对人物进行抠图和更换背景操作。原图与效果图对比如图2.61所示。

图2.61　原图与效果图对比

下面介绍复杂的人物抠图与更换背景的操作方法。

步骤 01　单击"文件"|"打开"命令，打开一幅素材图像，选择工具箱中的快速选择工具，如图 2.62 所示。

步骤 02　在人物图像上按住鼠标左键并拖曳，创建一个选区，如图2.63所示。

图2.62　选取快速选择工具　　　　　图2.63　创建一个选区

步骤 03　在工具属性栏中，单击"选择并遮住"按钮，如图 2.64 所示。

图2.64　单击"选择并遮住"按钮

步骤 04　进入相应界面，以红色区域显示被抠取的对象，如图2.65所示。

步骤 05 在左侧工具箱中选择调整边缘画笔工具 ✍,在右侧的"属性"面板中设置"视图"为"叠加",在人物的边缘处进行涂抹,抠取人物边缘的细节,如图 2.66 所示。

图2.65 以红色区域显示被抠取的对象

图2.66 抠取人物边缘的细节

步骤 06 抠取完成后,单击"确定"按钮,按 Ctrl + J 组合键复制一个新图层,隐藏"图层 1"图层,即可抠出人物图像,效果如图 2.67 所示。

步骤 07 按 Ctrl + T 组合键,调整人物图像的大小和位置,如图 2.68 所示,按 Enter 键确认操作,即可完成人物的抠图与更换背景。

图2.67 抠出人物图像

图2.68 调整人物图像的大小和位置

本 章 小 结

本章主要介绍了 Photoshop 智能抠图的相关操作方法。本章首先介绍了常用的 AI 抠图命令和功能,如"主体"命令、"天空"命令、"色彩范围"命令、"焦点区域"命令、"选择主体"功能、"删除背景"功能以及"移除背景"功能等;其次介绍了其他的 AI 抠图工具,如对象选择工具、魔术橡皮擦工具、快速选择工具、魔棒工具以及磁性套索工具等。通过对本章的学习,读者能够更好地掌握 Photoshop 的图像抠图技巧。

课后习题

1. 使用Photoshop抠出图2.69中的女士手提包，素材和效果图对比如图2.69所示。

扫码
看视频

图2.69　素材和效果图对比

2. 使用Photoshop抠出图2.70中的厨具用品，素材和效果图对比如图2.70所示。

扫码
看视频

图2.70　素材和效果图对比

Photoshop 智能修图

　　在 Photoshop 中通过巧妙的修图技术，可以创造出令人惊叹的视觉效果，同时还能提升作品的质量和吸引力。对于用户拍摄的风光作品，或者通过 AI 工具生成的电商图片，都能用 Photoshop 进行优化处理，提升图片的精美度。本章主要介绍 Photoshop 智能修图的相关操作，让创作更高效，修图更精确，效果更出色。

◁》本章重点

- Photoshop 中的智能修图命令
- Photoshop 中的智能修图工具
- 综合实例：一键将天空更换成火烧云效果
- 综合实例：一键去除风光照片中的杂物

3.1　Photoshop中的智能修图命令

使用Photoshop中的智能修图命令，如"填充"命令、"生成式填充"命令、"内容识别填充"命令以及"天空替换"命令等，可以对图像进行快速处理，修补图像的瑕疵，让图像效果更加出色，细节更加完美。

3.1.1　练习实例：使用"填充"命令进行局部智能填充

扫码看视频

　　使用Photoshop中的"填充"命令，可以为图像中的选区填充前景色、背景色、内容识别或者图案。原图与效果图对比如图3.1所示。

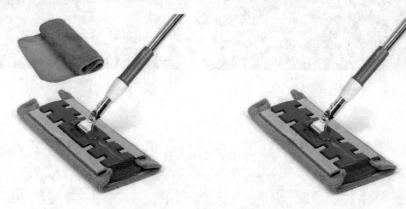

图3.1　原图与效果图对比

下面介绍使用"填充"命令进行局部智能填充的操作方法。

步骤 01 打开一幅素材图像，选择工具箱中的套索工具 ○，在画面中的相应图像位置创建一个不规则选区，如图3.2所示。

步骤 02 在菜单栏中，单击"编辑"|"填充"命令，如图3.3所示。

图3.2　创建一个不规则选区

图3.3　单击"填充"命令

【知识拓展】使用"填充"命令的注意事项。

通常情况下，使用"填充"命令进行填充操作前，需要创建一个合适的选区，若当前图像中不存在选区，则填充效果将作用于整幅图像，此外该命令对"背景"图层无效。

步骤 03 弹出"填充"对话框，设置"内容"为"白色"，如图 3.4 所示。

步骤 04 单击"确定"按钮，即可用白色填充选区内的图像，如图 3.5 所示，按 Ctrl ＋ D 组合键，取消选区。

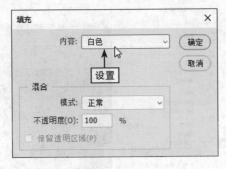

图3.4　设置"内容"为"白色"　　　　　　　　图3.5　使用白色填充选区内的图像

【知识拓展】"填充"对话框介绍。

"填充"对话框中部分选项的含义如下。

● 内容：在该下拉列表框中可以选择多种填充类型，如前景色、背景色、颜色、黑色、50% 灰色以及白色等。

● 混合：用于设置填充模式和不透明度。

● 保留透明区域：对图层进行颜色填充时，可以保留透明的部分不填充颜色，该复选框只有对透明的图层进行填充时才有效。

3.1.2　练习实例：使用"生成式填充"命令智能修图

扫码
看视频

Photoshop 中的"生成式填充"命令与"创成式填充"功能一样，都是通过 AI 自动生成相应的图像效果，并且可以与原图像无缝融合。原图与效果图对比如图 3.6 所示。

图3.6　原图与效果图对比

下面介绍使用"生成式填充"命令智能修图的操作方法。

步骤 01 打开一幅素材图像，选取工具箱中的套索工具 ⟨⟩，在画面中的相应图像位置创建一个不规则选区，如图 3.7 所示。

步骤 02 在菜单栏中，单击"编辑"菜单，在弹出的菜单列表中单击"生成式填充"命令，如图 3.8 所示。

图 3.7　创建不规则选区　　　　　　　　图 3.8　单击"生成式填充"命令

步骤 03 弹出"创成式填充"对话框，在该对话框中不需要输入任何内容，直接单击"生成"按钮，如图 3.9 所示。

步骤 04 执行操作后，即可生成相应的图像效果，如图 3.10 所示，在"属性"面板的"变化"选项区中选择相应的图像，即可改变画面中生成的图像效果。

图 3.9　单击"生成"按钮　　　　　　　　图 3.10　生成相应的图像效果

▶ **专家提示**

在"创成式填充"对话框的"提示"文本框中，可输入中文或英文关键词内容，单击"生成"按钮，即可生成相应的图像效果。

3.1.3　练习实例：使用"内容识别填充"命令快速修图

扫码
看视频

利用 Photoshop 的"内容识别填充"命令可以将复杂背景中不需要的杂物部分清除干净，从而达到完美的智能修图效果，并且还可以扩展图像的区域。原图与效果图对比如图3.11所示。

图3.11　原图与效果图对比

下面介绍使用"内容识别填充"命令快速修图的操作方法。

步骤 01 打开一幅素材图像，选择工具箱中的矩形选框工具［］，在右侧的空白画布上创建一个矩形选区，如图3.12所示。

图3.12　创建一个矩形选区

步骤 02 单击"编辑"|"内容识别填充"命令，弹出相应窗口，在右侧单击"自动"按钮，自动取样修补画面内容，如图3.13所示，单击"确定"按钮，即可快速修图。

图3.13　自动取样修补画面内容

3.1.4 练习实例：使用"内容识别缩放"命令缩放照片

扫码
看视频

"内容识别缩放"命令可以在放大图像的同时最大限度地保留细节质量，合理重建视觉内容，让优质的细节不再因放大而丢失。原图与效果图对比如图3.14所示。

图3.14　原图与效果图对比

下面介绍使用"内容识别缩放"命令缩放照片的操作方法。

步骤 01 打开一幅素材图像，单击"背景"图层右侧的 🔒 图标，将"背景"图层解锁。单击"图像"|"画布大小"命令，弹出"画布大小"对话框，设置"宽度"为1400像素，如图3.15所示。

步骤 02 单击"确定"按钮，即可扩展画布，如图3.16所示。

图3.15　设置"宽度"参数　　　　　　　　　图3.16　扩展画布

步骤 03 运用矩形选框工具 ⸬ 在人物周围创建一个矩形选区，在选区内右击，在弹出的快捷菜单中选择"存储选区"命令，如图3.17所示。

步骤 04 执行操作后，弹出"存储选区"对话框，设置"名称"为"人物"，如图3.18所示，单击"确定"按钮存储选区，并取消选区。

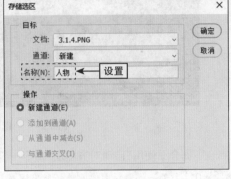

图3.17　选择"存储选区"选项　　　　　　　　　图3.18　设置"名称"选项

【技巧提示】在 Photoshop 中存储选区的其他方法。

　　在图像中创建选区后，在菜单栏中单击"选择"|"存储选区"命令，也可以弹出"存储选区"对话框。

步骤 05 单击"编辑"|"内容识别缩放"命令，调出变换控制框，在工具属性栏中的"保护"下拉列表框中选择"人物"选项，如图 3.19 所示。

步骤 06 调整变换控制框的大小，使图像覆盖整个画布，如图 3.20 所示，单击"提交"按钮确认变换操作，即可放大图像，同时人物不受变换操作的影响。

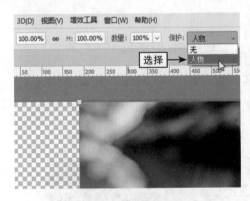

图3.19　选择"人物"选项　　　　　　　　　图3.20　图像覆盖整个画布

3.1.5　练习实例：使用"自动对齐图层"命令一键合成全景图

扫码
看视频

　　Photoshop 中的"自动对齐图层"命令主要用于自动调整多个图层的位置，使它们在水平、垂直或其他方向对齐，这个功能对于合并多个图像或图层，以创建无缝效果或进行复杂的图像合成非常有用，效果如图3.21所示。

图3.21　一键合成全景图的效果

下面介绍使用"自动对齐图层"命令一键合成全景图的操作方法。

步骤 01 打开一幅素材图像，选择所有图层，如图3.22所示。

步骤 02 在菜单栏中，单击"编辑"|"自动对齐图层"命令，弹出"自动对齐图层"对话框，选中"自动"单选按钮，如图3.23所示，单击"确定"按钮，即可一键合并全景图。

图3.22　选择所有图层

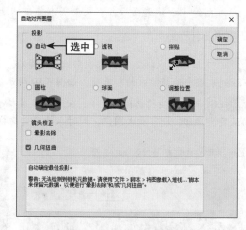

图3.23　选中"自动"单选按钮

步骤 03 使用裁剪工具对图像进行适当裁剪操作，如图3.24所示，按 Enter 键确认。

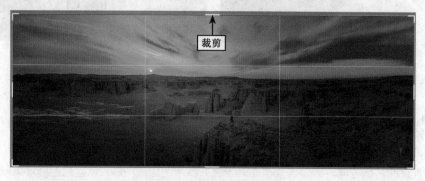

图3.24　对图像进行适当裁剪操作

3.1.6 练习实例：使用"自动混合图层"命令快速合成照片

"自动混合图层"命令主要用于合并多张具有不同焦点的照片，使得焦点堆栈的过程更加自动化和高效，减少了手动调整的工作，为摄影师和图像编辑人员提供了便捷的操作，可以创建具有扩展景深的视觉效果。

本实例主要对风光照片进行焦点合成操作，Photoshop 中一共有两个图层，在图层 1 中，花朵清晰，而远山模糊；在图层 2 中，花朵模糊，但远山清晰，需要使用"自动混合图层"命令对这两个图层进行焦点合成操作，使画面中的所有元素都能清晰展现。原图与效果图对比如图 3.25 所示。

图 3.25　原图与效果图对比

下面介绍使用"自动混合图层"命令快速合成照片的操作方法。

步骤 01 打开一幅素材图像，全选所有图层，如图 3.26 所示。

步骤 02 在菜单栏中单击"编辑"|"自动混合图层"命令，如图 3.27 所示。

图 3.26　全选所有图层　　　　图 3.27　单击"自动混合图层"命令

步骤 03 弹出"自动混合图层"对话框，选中"堆叠图像"单选按钮，如图 3.28 所示。

步骤 04 单击"确定"按钮，即可一键融合照片，"图层"面板中显示了相应的蒙版图层，如图 3.29 所示。

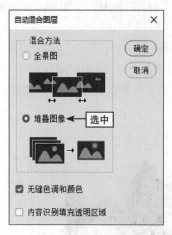

图3.28　选中相应单选按钮

图3.29　显示蒙版图层

▶ 专家提示

　　在"自动混合图层"对话框中若选中"全景图"单选按钮，也可以快速合成全景图片。

3.1.7　练习实例：使用"天空替换"命令合成蓝天白云

扫码看视频

　　在风景照片的后期处理中，添加天空效果可以极大地提升图像的美感和品质，Photoshop 的"天空替换"命令为实现这一效果提供了简单直接的方式。

　　"天空替换"对话框中内置了多种高质量的天空图像模板，用户也可以导入外部图片作为自定义天空。"天空替换"命令可以将素材图像中的天空自动替换为更迷人的天空，同时保留图像的自然景深。原图与效果图对比如图3.30所示。

图3.30　原图与效果图对比

下面介绍使用"天空替换"命令合成蓝天白云的操作方法。

步骤 01 打开一幅素材图像,单击"编辑"|"天空替换"命令,弹出"天空替换"对话框,单击"单击以选择替换天空"按钮 ，如图 3.31 所示。

步骤 02 在弹出的列表框中选择相应的天空图像模板,如图 3.32 所示,单击"确定"按钮,即可合成新的天空图像。

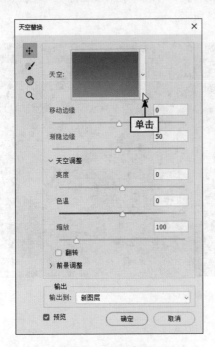
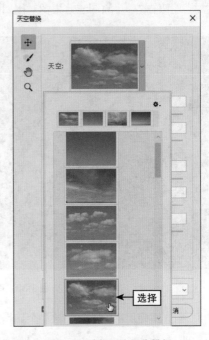

图 3.31　单击相应按钮　　　　图 3.32　选择天空图像模板

【知识拓展】"天空替换"对话框介绍。

"天空替换"对话框中部分选项的含义如下。

● 天空:在该下拉列表框中,提供了多种天空模板可供用户选择。

● 亮度:可以调整天空区域的亮度。

● 色温:可以调整天空区域的色温。

● 输出到:可以选择输出方式,其中包括"新图层"和"复制图层"两个选项。

3.2　Photoshop 中的智能修图工具

在拍摄风光照片时,往往会因为环境因素的影响,使拍摄出来的照片出现瑕疵。Photoshop 中提供了多种智能化修图工具,如移除工具、污点修复画笔工具、修补工具以及红眼工具等,用户可以根据需要选择适当的工具修补照片,使照片效果更好。

3.2.1　练习实例：使用移除工具去除多余的元素

扫码
看视频

　　在后期处理照片时，有时会遇到一些影响构图的干扰元素，比如电线杆、路牌标志、树叶、小动物等，如果一个一个细致地去除这些元素既费时又容易留下痕迹。使用 Photoshop 中的移除工具 ，可以一键智能去除这些干扰元素，大幅提高工作效率。原图与效果图对比如图 3.33 所示。

图 3.33　原图与效果图对比

　　下面介绍使用移除工具去除多余元素的操作方法。

步骤 01　打开一幅素材图像，选择工具箱中的移除工具 ，在工具属性栏中设置"大小"为150，如图 3.34 所示。

步骤 02　移动鼠标指针至蝴蝶图像上，按住鼠标左键并拖曳，对图像进行涂抹，鼠标涂抹过的区域呈淡红色显示，如图 3.35 所示，释放鼠标左键，即可去除蝴蝶。

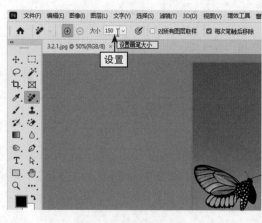

图 3.34　设置各参数　　　　　　　　图 3.35　对图像进行涂抹

3.2.2　练习实例：使用污点修复画笔工具修复照片瑕疵

使用污点修复画笔工具 ，时，该工具会自动进行像素的取样，然后在图像中有瑕疵的地方进行涂抹，即可修复图像。原图与效果图对比如图3.36所示。

图 3.36　原图与效果图对比

下面介绍使用污点修复画笔工具修复照片瑕疵的操作方法。

步骤 01 打开一幅素材图像，选择工具箱中的污点修复画笔工具 ，在工具属性栏中设置画笔"大小"为 300 像素，如图 3.37 所示。

步骤 02 移动鼠标指针至照片右侧的虚影处，按住鼠标左键并拖曳，对图像进行涂抹，鼠标涂抹过的区域呈黑色显示，如图 3.38 所示，释放鼠标左键，即可修复照片中的瑕疵。

图 3.37　设置画笔的大小　　　　　　　　　　图 3.38　对图像进行涂抹

【知识拓展】污点修复画笔工具属性栏介绍。

污点修复画笔工具属性栏中部分选项的含义如下。

● 模式：在该下拉列表框中可以设置修复图像与目标图像之间的混合方式。

● 内容识别：选中该按钮后，在修复图像时，将根据图像内容识别像素并自动填充。

● 创建纹理：选中该按钮后，在修复图像时，将根据当前图像周围的纹理自动创建相似的纹理，从而在修复瑕疵的同时保证不改变原图像的纹理。

● 近似匹配：选中该按钮后，在修复图像时，将根据当前图像周围的像素来修复瑕疵。

● 对所有图层取样：勾选该复选框，可以从所有的可见图层中提取数据。

▶ **专家提示**

Photoshop 中的污点修复画笔工具 💹 能够自动分析鼠标指针涂抹处及周围图像的不透明度、颜色与质感，从而进行取样与修复操作。

3.2.3　练习实例：使用修补工具进行智能修复

扫码
看视频　　　　　修补工具可以使用其他区域的色块或图案来修补选中的区域，使用修补工具修复图像时，可以保留图像的纹理、亮度和层次。原图与效果图对比如图3.39所示。

图3.39　原图与效果图对比

下面介绍使用修补工具进行智能修复的操作方法。

步骤 01 打开一幅素材图像，选择工具箱中的修补工具 █，在图像中需要修补的位置按住鼠标左键并拖曳，创建一个选区，如图3.40所示。

步骤 02 在选区内按住鼠标左键并拖曳选区至图像下方颜色相近的位置，如图3.41所示，释放鼠标左键，即可完成修补操作，并取消选区。

图 3.40　创建一个选区　　　　　　　图 3.41　拖曳至合适位置

【知识拓展】修补工具属性栏介绍。

选择工具箱中的修补工具 后，其工具属性栏中各主要选项的含义如下。

● 选区运算按钮组 ：针对应用创建选区的工具进行的操作，可以对选区进行添加、删除等处理。单击"新选区"按钮 ，可以在图像中创建不重复的选区；如果用户要在创建的选区外再加上另外的选择范围，可以单击"添加到选区"按钮 ，即可得到两个选区范围的并集；单击"从选区减去"按钮 ，是利用选框工具将原有选区减去一部分；在创建一个选区后，单击"与选区交叉"按钮 ，再创建一个与原选区相交的选区，就会得到两个选区的交集。

● 修补：用于设置图像的修补方式。

● 源：单击该按钮，当将选区拖曳至要修补的区域后，释放鼠标左键就会用当前选区中的图像修补原来选中的内容。

● 目标：单击该按钮会将选中的图像复制到目标区域。

● 透明：该复选框用于设置所修复图像的透明度。

● 使用图案：单击该按钮，可以应用图案对所选区域进行修复。

3.2.4　练习实例：使用红眼工具一键去除人物红眼

扫码
看视频

红眼工具是一个专用于修饰数码照片的工具，在 Photoshop 中常用于去除人物照片中的红眼。原图与效果图对比如图 3.42 所示。

【技巧提示】红眼工具的其他应用。

Photoshop 中的红眼工具可以说是专门为去除照片中的红眼而设立的，但需要注意的是，这并不代表该工具只能对照片中的红眼进行处理，对于其他较为细小的东西，同样可以使用该工具来修改色彩。

图3.42　原图与效果图对比

下面介绍使用红眼工具一键去除人物红眼的操作方法。

步骤 01　打开一幅素材图像，选择工具箱中的红眼工具，如图 3.43 所示。

步骤 02　移动鼠标指针至图像编辑窗口，在人物的眼睛上单击，即可去除红眼，如图 3.44 所示，用与步骤 01 同样的操作方法去除另一只眼睛的红眼。

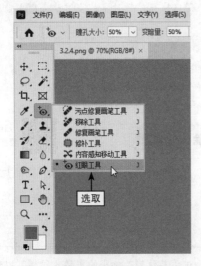 

图3.43　选取工具箱中的红眼工具　　　　　图3.44　去除人物红眼

【知识拓展】红眼工具属性栏介绍。

在红眼工具属性栏中，部分选项的含义如下。

● "瞳孔大小"：可以设置红眼图像的大小。

● "变暗量"：设置去除红眼后瞳孔变暗的程度，数值越大则去除红眼后的瞳孔越暗。

3.2.5 练习实例：使用透视裁剪工具矫正书籍封面

扫码
看视频

透视裁剪工具是一种用于调整图像的透视变换关系的工具，该工具可以让用户自由调整图像的透视关系。透视裁剪工具的功能对于矫正拍歪的身份证、拍斜的打印稿，或矫正具有线性特征的对象，如倾斜的建筑等，非常有用。本实例主要矫正拍摄的书籍封面，原图与效果图对比如图3.45所示。

图3.45 原图与效果图对比

下面介绍使用透视裁剪工具矫正书籍封面的操作方法。

步骤 01 打开一幅素材图像，选择工具箱中的透视裁剪工具 ，如图 3.46 所示。

步骤 02 将鼠标指针移至书籍封面左上角的位置，单击，添加第 1 个控制点，然后将鼠标指针移至书籍封面右上角的位置，单击，添加第 2 个控制点，如图 3.47 所示。

图3.46 选择透视裁剪工具

图3.47 添加第2个控制点

步骤 03 将鼠标指针移至书籍封面右下角的位置，单击，添加第 3 个控制点，如图 3.48 所示。

步骤 04 将鼠标指针移至书籍封面左下角的位置，单击，添加第 4 个控制点，如图 3.49 所示，按 Enter 键确认，即可完成图像的透视变形操作。

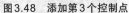

图3.48　添加第3个控制点

图3.49　添加第4个控制点

▶ **专家提示**

　　透视裁剪工具允许用户直接调整图像周围的4个控制点，以便手动创建透视效果，这样的自由度有助于在图像上实现更加精细的调整。在工具属性栏中，若取消选中"显示网格"复选框，将隐藏图像中的网格效果。

扫码
看视频

3.3　综合实例：一键将天空更换成火烧云效果

　　火烧云通常在日落或日出时出现，它使晚霞呈现出热烈、明亮、丰富的颜色，给人一种如同天空被火焰燃烧一般的视觉感受。火烧云是大自然中令人惊叹的现象之一，吸引了许多人欣赏和拍摄。在Photoshop中通过相应功能即可将天空一键更换成火烧云效果，原图与效果图对比如图3.50所示。

图3.50　原图与效果图对比

　　下面介绍将天空一键更换成火烧云效果的操作方法。

步骤 01　打开一幅素材图像，单击"编辑"|"天空替换"命令，如图3.51所示。

步骤 02　弹出"天空替换"对话框，单击"单击以选择替换天空"按钮，在弹出的下拉列表框中选择相应的天空图像模板，如图3.52所示，单击"确定"按钮，即可合成新的天空图像。

图 3.51　单击"天空替换"命令

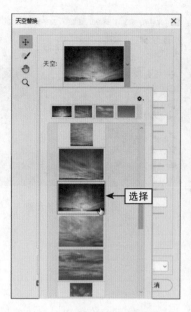

图 3.52　选择相应的天空图像模板

扫码
看视频

3.4　综合实例：一键去除风光照片中的杂物

风光照片中的杂物会干扰画面的构图，影响画面的质感，还会导致观众的注意力被分散，使图像失去焦点。在Photoshop中可以使用相关功能一键去除风光照片中的杂物，原图与效果图对比如图3.53所示。

图 3.53　原图与效果图对比

下面介绍一键去除风光照片中的杂物的操作方法。

步骤 01　打开一幅素材图像，选择工具箱中的移除工具 ，在工具属性栏中设置"大小"为125，如图 3.54 所示。

步骤 02　移动鼠标指针至相应图像上，按住鼠标左键并拖曳，对图像中的杂物进行涂抹，鼠标涂抹过的区域呈淡红色显示，如图 3.55 所示，释放鼠标左键即可去除对象。

图 3.54　设置各参数

图 3.55　对图像进行涂抹

本 章 小 结

　　本章主要介绍了 Photoshop 智能修图的相关方法，具体包括使用"填充"命令进行局部智能填充、使用"生成式填充"命令智能修图、使用"内容识别填充"命令快速修图、使用"天空替换"命令合成蓝天白云、使用移除工具去除多余的小动物等。通过对本章的学习，读者能够更好地掌握 Photoshop 的智能修图技巧。

课 后 习 题

　　1.　使用 Photoshop 去除广告中的多余元素，素材和效果图对比如图 3.56 所示。

扫码
看视频

图 3.56　素材和效果图对比

2. 使用Photoshop一键去除风光照片中的飞鸟，素材和效果图对比如图3.57所示。

图3.57　素材和效果图对比

扫码
看视频

用智能预设一键调色

第 4 章

调色对许多用户来说，一直是比较头疼的问题，要手动逐项调整曝光度、色温、曲线等参数，不仅费时费力，而且也难以达到理想的色彩效果。其实，Photoshop 内置了很多好用且一键式的预设功能，可以极大地降低调色的难度，让图像的色彩效果提升一个档次。本章主要介绍用智能预设一键调色的操作方法。

📢 本章重点

- 自动调出人像色调
- 自动调出风景色调
- 自动调出创意色调
- 自动调出黑白色调
- 自动调出电影色调
- 综合实例：调出老照片色调效果

4.1 自动调出人像色调

在Photoshop的"调整"面板中，提供了6种人像色调风格，包括"阳光""暖色""忧郁蓝""经典黑白""较暗"以及"明亮"，选择相应的色调风格，即可调出迷人的照片效果。

4.1.1 练习实例：调出人像照片"暖色"色调效果

扫码
看视频

在人像照片中适当地增加一点暖色调，即可使色彩更为和谐、统一。"暖色"还可以平衡不同的光源变化，中和过冷的色温，原图与效果图对比如图4.1所示。

图4.1　原图与效果图对比

下面介绍调出人像照片"暖色"色调效果的操作方法。

步骤 01 打开一幅素材图像，单击"窗口"|"调整"命令，如图4.2所示。

步骤 02 执行操作后，展开"调整"面板，如图4.3所示。

图4.2　单击"调整"命令　　　　　　图4.3　展开"调整"面板

无论是批量调整多张照片的色彩风格，还是想给单张照片增加某种特定的氛围，利用 Photoshop 中的预设功能都能轻松实现。使用预设功能只需一键单击，就能自动调整所有参数，快速达到理想的色彩效果，再也不用手动逐步调整参数，让图像调色成为一件轻松、惬意的事。

步骤 03 单击"调整预设"选项前面的箭头图标 ❯，展开"调整预设"选项区，在下方单击"更多"按钮，如图 4.4 所示。

步骤 04 执行操作后，展开"人像"选项区，选择"暖色"选项，如图 4.5 所示，即可将人像照片调为暖色调的效果。

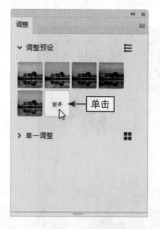

图4.4 单击"更多"按钮

图4.5 选择"暖色"选项

【技巧提示】设置"调整"面板的显示方式。

在"调整"面板中，单击"调整预设"右侧的 ☰ 按钮，即可更改面板的显示方式。默认情况下，以缩略图的方式显示每个预设模式；若单击 ☰ 按钮，即可以文本的形式显示每个预设模式，如图 4.6 所示。

图4.6 以文本的形式显示每个预设模式

4.1.2 练习实例：调出人像照片"忧郁蓝"色调效果

"忧郁蓝"预设调出的图像色调主要以蓝色为主。蓝色通常与冷静、沉思等情感联系在一起，可使画面呈现出深沉、忧郁的氛围。原图与效果图对比如图4.7所示。

图4.7 原图与效果图对比

下面介绍调出人像照片"忧郁蓝"色调的操作方法。

步骤 01 打开一幅素材图像，在"调整"面板中展开"人像"选项区，选择"忧郁蓝"选项，如图4.8所示。

步骤 02 执行操作后，即可调出"忧郁蓝"风格的色调效果，在"图层"面板中可以查看新增的调整图层，如图4.9所示。

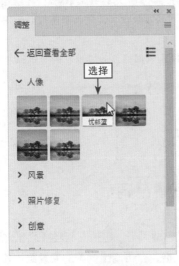

图4.8 选择"忧郁蓝"选项　　　　图4.9 查看新增的调整图层

67

【技巧提示】"调整"面板的操作和管理。

如果需要连续进行调色操作，在完成图像的处理后可以不关闭"调整"面板，这样在打开下一幅素材图像时，会自动展开前面选择的预设类型，省去很多操作，从而提高后期处理的效率。

步骤 **03** 选择"曲线1"调整图层和"照片滤镜1"调整图层，在"属性"面板中可以查看相应的调色参数，如图4.10所示。

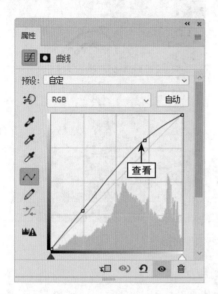

图4.10　查看调色参数

▶ **专家提示**

当用户为人像照片添加"忧郁蓝"风格的色调效果后，如果对该效果不满意，可以在"曲线1"调整图层和"照片滤镜1"调整图层中进行相应的参数设置，使画面色彩更加符合用户的需求。

另外，用户可以为同一张人像照片添加多种人像色调风格，如可以在同一张照片上添加"阳光"和"暖色"两种预设色调。

步骤 **04** 在图像编辑窗口中可以查看调整后的图像效果，从图4.7所示的效果图中可以看出，"忧郁蓝"预设色调能够带来冷静、安静的视觉感受。

4.2　自动调出风景色调

在Photoshop的"调整"面板中，提供了5种风景色调风格，包括"凸显色彩""凸显""暖色调对比度""褪色"以及"黑白"，选择相应的色调风格，即可调出优美的风景照片效果。

4.2.1 练习实例：提升风景照片的饱和度

"凸显色彩"预设可以一键提升画面的饱和度，使图像的色彩变得更加生动、醒目。原图与效果图对比如图4.11所示。

图4.11 原图与效果图对比

下面介绍提升风景照片的饱和度的操作方法。

步骤 01 打开一幅素材图像，在"调整"面板中展开"风景"选项区，选择"凸显色彩"选项，如图4.12所示，增加画面的饱和度。

步骤 02 在"风景"选项区中，选择"暖色调对比度"选项，如图4.13所示，进一步增强画面的暖色调效果。

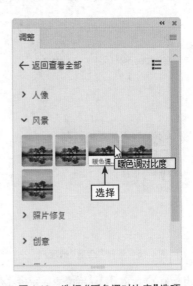

图4.12 选择"凸显色彩"选项   图4.13 选择"暖色调对比度"选项

▶ 专家提示

"凸显色彩"预设色调主要是增强照片的自然饱和度；"暖色调对比度"预设色调主要是调整照片的色彩平衡与曲线参数。

4.2.2 练习实例：提升风景照片的层次感

　　"凸显"预设可以一键提升图像的亮度和对比度，使景物的轮廓变得更加分明、锐利，同时暗部细节也更加突出，使画面更有层次感。原图与效果图对比如图4.14所示。

图4.14　原图与效果图对比

　　下面介绍提升风景照片的层次感的操作方法。

步骤 01 打开一幅素材图像，在"调整"面板中展开"风景"选项区，选择"凸显"选项，如图4.15所示，增加画面的亮度和对比度。

步骤 02 展开"属性"面板，设置"亮度"为30、"对比度"为40，如图4.16所示，进一步增加画面的亮度和对比度，让画面的层次感更强。

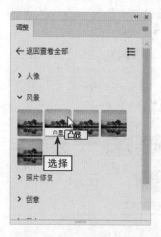

图4.15　选择"凸显"选项　　　　　　　图4.16　设置各参数

【知识拓展】"亮度/对比度"属性面板介绍。

　　"亮度/对比度"属性面板中部分选项的含义如下。

● 亮度：用于调整图像的亮度，为正值时增加图像亮度，为负值时降低亮度。

● 对比度：用于调整图像的对比度，为正值时增加图像对比度，为负值时降低图像对比度。

▶ 专家提示

在"属性"面板中，用户可以直接在右侧的数值框中输入亮度与对比度数值，还可以拖曳下方的滑块进行参数设置。

4.2.3 练习实例：制作风景照片的黑白效果

扫码
看视频

"黑白"预设可以一键去掉图像色彩，从而展现出历史照片的视觉效果，将其适当地应用到具有怀旧情感的风景图片中，可以更好地烘托氛围。原图与效果图对比如图4.17所示。

图4.17 原图与效果图对比

下面介绍制作风景照片的黑白效果的操作方法。

步骤 01 打开一幅素材图像，在"调整"面板中展开"风景"选项区，选择"黑白"选项，如图 4.18 所示，即可去掉画面中的多余色彩，只保留黑色和白色。

步骤 02 在"图层"面板中，可以查看新增的调整图层，如图 4.19 所示。

图4.18 选择"黑白"选项

图4.19 查看新增的调整图层

4.3　自动调出创意色调

在 Photoshop 的"调整"面板中，提供了 5 种创意色调风格，包括"凸显色彩""黑白底片""暗色渐隐""正片负冲"以及"深褐"，选择相应的色调风格，即可自动调出创意效果。

4.3.1　练习实例：为图像增加深幽的氛围

扫码
看视频

　　"暗色渐隐"预设可以调出深幽的氛围，通过让亮部和暗部的颜色渐进融合，将呈现出从明亮到黑暗的平稳过渡效果。原图与效果图对比如图 4.20 所示。

图 4.20　原图与效果图对比

下面介绍为图像增加深幽氛围的操作方法。

步骤 01 打开一幅素材图像，在"调整"面板中展开"创意"选项区，选择"暗色渐隐"选项，如图 4.21 所示，降低画面的亮度和饱和度，并增强画面的对比度。

步骤 02 在"图层"面板中，可以查看新增的调整图层，如图 4.22 所示，在画面中烘托出一种神秘、深不可测的深幽氛围。

图 4.21　选择"暗色渐隐"选项　　　　图 4.22　查看新增的调整图层

4.3.2　练习实例：在图像中形成反差色

"正片负冲"预设提供了简单实用的反色调整手段，可以生成色彩反转的负片效果，不仅可以增强照片的视觉冲击力，也可以呈现出独特的氛围，常用于创意的人像或风光调色场景。原图与效果图对比如图4.23所示。

图4.23　原图与效果图对比

下面介绍在图像中形成反差色的操作方法。

步骤 01　打开一幅素材图像，在"调整"面板中展开"创意"选项区，选择"正片负冲"选项，如图 4.24 所示，实现画面色彩的转换。

步骤 02　在"图层"面板中，可以查看新增的调整图层，如图4.25所示，在画面中形成了创意十足的反差色。

图4.24　选择"正片负冲"选项　　　　图4.25　查看新增的调整图层

4.4　自动调出黑白色调

在Photoshop的"调整"面板中,提供了5种黑白色调风格,包括"杂边""浑厚""中性""冷色"以及"暖色",选择相应的色调风格,即可自动调出相应的黑白色调效果。

4.4.1　练习实例:提升黑白照片的层次感

扫码
看视频

"浑厚"预设可以保留更多的阴影细节,同时增强中灰和高光的对比,从而让黑白图像呈现出更丰富的层次变化。原图与效果图对比如图4.26所示。

图4.26　原图与效果图对比

下面介绍提升黑白照片层次感的操作方法。

步骤 01　打开一幅素材图像,在"调整"面板中展开"黑白"选项区,选择"浑厚"选项,如图4.27所示,将照片转换为黑白色调,并提升画面的对比度。

步骤 02　在"图层"面板中,可以查看新增的调整图层,如图4.28所示。

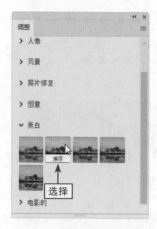

图4.27　选择"浑厚"选项　　　　图4.28　查看新增的调整图层

> ▶ 专家提示

在照片中应用"浑厚"预设色调，可以使整个图像黑白色彩之间的过渡更加和谐、自然，同时画面层次感更强。

4.4.2 练习实例：调出人像照片的高级质感

扫码
看视频

"冷色"预设可以使黑白照片产生冷静、淡然的效果，该预设在保留亮部细节的同时，会加强阴影的深度与层次，可以用它来突出画面质感与主体轮廓。原图与效果图对比如图 4.29 所示。

图 4.29　原图与效果图对比

下面介绍调出人像照片的高级质感的操作方法。

步骤 01 打开一幅素材图像，在"调整"面板中展开"黑白"选项区，选择"冷色"选项，如图 4.30 所示，将照片转换为黑白色调的同时，还能够平衡画面中过于强烈的影调。

步骤 02 在"图层"面板中，可以查看新增的调整图层，如图 4.31 所示，可以让画面展现出高级质感。

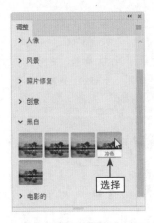

图 4.30　选择"冷色"选项　　　　　图 4.31　查看新增的调整图层

4.5 自动调出电影色调

在 Photoshop 的"调整"面板中,提供了 5 种电影色调风格,包括"分离色调""忧郁蓝""黑暗之谜""X射线"以及"柔和棕褐色",选择相应的色调风格,即可自动调出电影色调。

4.5.1 练习实例:使用"分离色调"增强画面感染力

扫码
看视频

"分离色调"预设可以一键将 RGB 通道分离并翻转,产生一种强烈的色相分离效果,与老式电影中的色差风格类似,可以增强画面的情绪感染力。原图与效果图对比如图 4.32 所示。

图 4.32 原图与效果图对比

下面介绍使用"分离色调"增强画面感染力的操作方法。

步骤 01 打开一幅素材图像,在"调整"面板中展开"电影的"选项区,选择"分离色调"选项,如图 4.33 所示,调整画面的色彩平衡,并降低画面的亮度。

步骤 02 在"图层"面板中,可以查看新增的调整图层,如图 4.34 所示。

图 4.33 选择"分离色调"选项

图 4.34 查看新增的调整图层

4.5.2　练习实例：使用"黑暗色调"增强电影的质感

"黑暗之谜"预设可以将画面颜色设置为黑白色，营造出朦胧而神秘的视觉效果，可以大大增强画面的电影质感。原图与效果图对比如图4.35所示。

图4.35　原图与效果图对比

下面介绍使用"黑暗色调"增强电影质感的操作方法。

步骤 01 打开一幅素材图像，在"调整"面板中展开"电影的"选项区，选择"黑暗之谜"选项，如图4.36所示，系统会自动调用"黑白"调整图层对图像进行去色处理。

步骤 02 在"图层"面板中，可以查看新增的调整图层，如图4.37所示。

图4.36　选择"黑暗之谜"选项　　　　图4.37　查看新增的调整图层

4.6 综合实例：调出老照片色调效果

使用 Photoshop 中的"深褐"预设色调，可以自动校正图像的色彩平衡问题和进行去色处理，并能调出因年代久远而导致色偏的老照片色调效果。原图与效果图对比如图 4.38 所示。

图 4.38 原图与效果图对比

下面介绍调出老照片色调效果的操作方法。

步骤 01 打开一幅素材图像，在"调整"面板中展开"照片修复"选项区，选择"深褐"选项，如图 4.39 所示，对画面进行去色处理，并修复画面的色彩平衡。快速模拟老照片的褪色效果，烘托出老旧的建筑氛围。

步骤 02 在"图层"面板中，可以查看新增的调整图层，如图 4.40 所示。

图 4.39 选择"深褐"选项　　　　　图 4.40 查看新增的调整图层

本 章 小 结

本章主要介绍了使用智能预设一键调色的方法，包括自动调出人像色调、风景色调、创意色调、黑白色调、电影色调以及老照片色调等。通过本章的学习，读者可以熟练掌握图像的一键调色技巧，能够轻松调出满意的作品颜色。

课 后 习 题

1. 使用 Photoshop 一键调出"忧郁蓝"色调，素材和效果图对比如图 4.41 所示。

图 4.41　素材和效果图对比

 扫码
看视频

2. 使用 Photoshop 一键调出黑白照片效果，素材和效果图对比如图 4.42 所示。

图 4.42　素材和效果图对比

 扫码
看视频

神经网络滤镜——Neural Filters

第 5 章

　　Neural Filters（神经网络滤镜）是 Photoshop 重点推出的 AI 修图技术，它的功能非常强大，集合了智能肖像、皮肤平滑度、超级缩放、着色和风景混合等一系列的 AI 功能，可以帮助用户把复杂的修图工作简单化，大大提高工作效率。本章主要介绍 Neural Filters 的使用技巧，帮助读者掌握更简单、更有创意的修图方法。

◀》本章重点

- 人像类 Neural Filters
- 创意类 Neural Filters
- 颜色类 Neural Filters
- 摄影类 Neural Filters
- 恢复类 Neural Filters
- 综合实例：一键转移人物的妆容效果

5.1 人像类Neural Filters

Neural Filters是一个完整的滤镜库，它使用了由 Adobe Sensei 提供的机器学习功能，可以大幅减少复杂的工作流程。

在 Photoshop 2024 中，目前一共包含12款 Neural Filters 滤镜，可以让用户在几秒内生成极具创意的图像效果。其中，人像类Neural Filters主要包括"皮肤平滑度""智能肖像"等功能，本节将介绍这些功能的使用技巧。

5.1.1 练习实例：对人物进行一键磨皮处理

扫码
看视频

借助 Neural Filters 的"皮肤平滑度"功能，可以自动识别人物面部，并进行磨皮处理。原图与效果图对比如图5.1所示。

图5.1 原图与效果图对比

下面介绍对人物进行一键磨皮处理的操作方法。

步骤 01 打开一幅素材图像，单击"滤镜"| Neural Filters 命令，展开 Neural Filters 面板，在该面板左侧的"所有筛选器"列表框中开启"皮肤平滑度"功能，如图 5.2 所示。

步骤 02 在 Neural Filters 面板的右侧设置"模糊"为100、"平滑度"为 +50，如图5.3所示，消除脸部的瑕疵，让皮肤变得更加光滑。

步骤 03 单击"确定"按钮，即可完成人脸的磨皮处理，使人物更加漂亮。

▶ 专家提示

　　Neural Filters 中的"皮肤平滑度"功能可以简单地理解为智能磨皮，所得到的效果和磨皮的效果类似，可以替代以前的一些磨皮插件。当用户开启"皮肤平滑度"功能后，Neural Filters 就会先按照"模糊"参数默认为50来处理图像中的人物皮肤部分，即便如此，处理效果也非常明显。

图5.2　开启"皮肤平滑度"功能

图5.3　设置各参数

【知识拓展】"皮肤平滑度"功能介绍。

　　在 Neural Filters 面板中开启"皮肤平滑度"功能后，右侧各选项的含义如下。

●模糊：可以对人物的面部进行模糊处理，数值越大面部模糊度越高。

●平滑度：可以对人物的面部进行平滑度处理，数值越大面部越光滑。

【技巧提示】尽量使用清晰度高的原图。

　　"皮肤平滑度"功能在磨皮的处理上对图片的清晰度有一定的要求。将同一张图片的尺寸做不同的修改，一张图片宽度修改为38.61cm，另一张图片宽度修改为10cm，可以看出，在不同的尺寸下，使用相同的模糊度，得到的效果有很大的差别，如图5.4所示。

宽：38.61cm
模糊：80

宽：10cm
模糊：80

图5.4 不同尺寸的图片得到的效果

通过图5.4的案例展示可以看出和以前用过的磨皮插件不同，在磨皮插件中，图片的尺寸越小，模糊度越大。现在通过图5.4可以看出很明显的效果，也就是说在图片的细节越多、尺寸越大的情况下，"皮肤平滑度"功能的效果越明显。

5.1.2 练习实例：智能修改人物肖像细节

 扫码
看视频

借助Neural Filters的"智能肖像"功能，用户可以通过几个简单的步骤完成复杂的肖像编辑工作流程，如改变人物的面部年龄、发量、眼睛方向、表情、面部朝向、光线方向等。本实例主要增加人物的发量，原图与效果图对比如图5.5所示。

图5.5 原图与效果图对比

下面介绍智能修改人物肖像细节的操作方法。

步骤 01 打开一幅素材图像，单击"滤镜" | Neural Filters 命令，展开 Neural Filters 面板，在该面板左侧的"所有筛选器"列表框中开启"智能肖像"功能，如图 5.6 所示。

图 5.6 开启"智能肖像"功能

步骤 02 在右侧的"特色"选项区中，设置"发量"为 +50，如图 5.7 所示，可以稍微增加人物的发量，单击"确定"按钮，即可完成智能肖像的处理。

图 5.7 设置"发量"为 +50

【知识拓展】使用"智能肖像"功能的注意事项。

"智能肖像"功能可以通过生成新特征，如表情、面部、光线和头发等细节来创造性地调整人物肖像图。

（1）Photoshop 软件必须处于联网状态，因为其中创造性的操作都是通过云端进行处理的，也就是说，这个滤镜的操作不是在软件中进行的。

（2）照片中最好能够明显地识别出人物的头像。除了增加发量外，用户还可以将面部调整为其他表情，这些都可以通过云处理来实现，如图5.8 所示。

图5.8　生成不同的表情

▶ 专家提示

很多人使用 Neural Filters 时会遇到这样的问题：打开 Neural Filters 面板后所有功能全为灰色，不能使用，在调整参数的面板中也提示不能使用，要求下载后才能使用，但是"下载"按钮也是灰色的，无法下载其中的功能。

其主要原因是用户没有登录 Adobe 账号，从 Photoshop 2021 开始如果要使用 Neural Filters，就必须登录 Adobe 账号。用户可以单击"帮助"|"登录"命令，弹出登录窗口，登录成功后可以在"帮助"菜单中看到登录后的 Adobe 账号，如图 5.9 所示。登录 Adobe 账号后，即可看到 Neural Filters 中的"下载"按钮变为能单击的状态。

图5.9　在"帮助"菜单中可以看到登录后的Adobe账号

5.2　创意类 Neural Filters

　　Neural Filters 是 Photoshop 中一项备受瞩目的 AI 功能，它借助深度学习技术，提供了一系列创意类 Neural Filters，为摄影师和设计师带来了全新的图片处理方式。其中，创意类 Neural Filters，主要包括"风景混合器""样式转换""背景创建器"等功能，这些功能可以轻松实现梦幻般的景观效果、风格迁移以及背景替换等操作。

5.2.1　练习实例：使用创意类 Neural Filters"一键换天"

扫码
看视频

　　借助 Neural Filters 中的"风景合成器"功能，可以自动替换照片中的天空，并调整为与前景元素匹配的色调。原图与效果图对比如图 5.10 所示。

图 5.10　原图与效果图对比

　　下面介绍使用创意类 Neural Filters 一键换天的操作方法。

步骤 01 打开一幅素材图像，单击"滤镜"| Neural Filters 命令，展开 Neural Filters 面板，在该面板左侧的"所有筛选器"列表框中开启"风景混合器"功能，如图 5.11 所示。

图 5.11　开启"风景混合器"功能

> ▶ 专家提示
>
> 使用 Neural Filters 中的"风景混合器"功能,可以通过与另一个图像混合或改变如时间和季节等属性来改变景观。

步骤 02 在右侧的"预设"选项卡中,选择相应的预设效果,如图 5.12 所示,单击"确定"按钮,即可完成天空的替换处理。

图 5.12 选择相应的预设效果

5.2.2 练习实例:改变风景照片的艺术风格

扫码
看视频

借助 Neural Filters 的"样式转换"功能,可以将选定的艺术风格应用于图像,从而激发新的创意,并为图像赋予新的样式效果。原图与效果图对比如图 5.13 所示。

图 5.13 原图与效果图对比

下面介绍改变风景照片艺术风格的操作方法。

步骤 01 打开一幅素材图像，单击"滤镜"| Neural Filters 命令，展开 Neural Filters 面板，在该面板左侧的"所有筛选器"列表框中开启"样式转换"功能，如图 5.14 所示。

步骤 02 在右侧的"预设"选项卡中选择相应的艺术家风格，如图 5.15 所示，系统将自动转换参考图像的颜色、纹理和风格，单击"确定"按钮，即可应用特定艺术家风格。

图 5.14 开启"样式转换"功能

图 5.15 选择相应的艺术家风格

5.3 颜色类 Neural Filters

使用 Neural Filters 可以对图像的颜色进行 AI 调整，在颜色类 Neural Filters 中，主要包括"协调""色彩转移""着色"等功能，这些功能可以重新调整素材图像的颜色，或者为素材图像重新着色，提高图像后期处理的效率。

5.3.1 练习实例：完美融合两个图像的颜色

扫码
看视频

借助 Neural Filters 的"协调"功能，可以自动融合两个图层中的图像颜色与亮度，让合成后的画面影调更加和谐、效果更加完美。原图与效果图对比如图 5.16 所示。

图 5.16 原图与效果图对比

下面介绍完美融合两个图像的颜色的操作方法。

步骤 **01** 打开一幅素材图像，在"图层"面板中选择"图层 1"图层，单击"滤镜"| Neural Filters 命令，展开 Neural Filters 面板，在该面板左侧的"所有筛选器"列表框中开启"协调"功能，如图 5.17 所示。

步骤 **02** 在右侧的"参考图像"下方的下拉列表框中选择"背景"选项，如图 5.18 所示，即可根据参考图像所在的图层自动调整"图层 1"图层的色彩平衡。单击"确定"按钮，即可让两个图层中的画面影调变得更加协调。

> ▶ 专家提示
>
> 在 Neural Filters 面板中开启"协调"功能后，在右侧选择"背景"选项，如果用户对 Photoshop AI 自动调色的效果不满意，可以在下方设置"青色""洋红色""黄色""饱和度"以及"亮度"的数值，直至调出满意的图像色彩。

<table>
<tr><td>图5.17 开启"协调"功能</td><td>图5.18 选择"背景"选项</td></tr>
</table>

5.3.2 练习实例：色彩转移改变图像的色调

扫码
看视频

借助 Neural Filters 的"色彩转移"功能，可以创造性地将色调风格从一张图片转移到另一张图片上。原图与效果图对比如图5.19所示。

图5.19 原图与效果图对比

下面介绍色彩转移改变图像色调的操作方法。

步骤 01 打开一幅素材图像，单击"滤镜"| Neural Filters 命令，展开 Neural Filters 面板，在该面板左侧的"所有筛选器"列表框中开启"色彩转移"功能，如图5.20所示。

步骤 02 在右侧切换至"自定义"选项卡，在"选择图像"下拉列表框中选择"从计算机中选择图像"选项，如图5.21所示。

图 5.20　开启"色彩转移"功能

图 5.21　选择相应的选项

步骤 03　弹出"打开"对话框，选择相应的素材图像，如图 5.22 所示。

步骤 04　单击"使用此图像"按钮，即可上传参考图像，如图 5.23 所示，并将参考图像中的色调风格应用到原素材图像，单击"确定"按钮，即可实现图片色彩的转移。

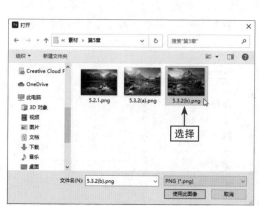

图 5.22　选择相应的素材图像

图 5.23　上传参考图像

5.3.3　练习实例：为黑白图像自动上色

扫码
看视频

　　借助 Neural Filters 的"着色"功能，可以自动为黑白照片上色。注意，目前该功能的上色精度不够高，用户应尽量选择简单的图像进行处理。原图与效果图对比如图 5.24 所示。

图5.24　原图与效果图对比

下面介绍为黑白图像自动上色的操作方法。

步骤 01 打开一幅素材图像，单击"滤镜"| Neural Filters 命令，展开 Neural Filters 面板，在该面板左侧的"所有筛选器"列表框中开启"着色"功能，如图 5.25 所示。

步骤 02 在面板下方拖曳滑块设置"饱和度"为 +5、"青色 / 红色"为 +8、"洋红色 / 绿色"为 +9、"颜色伪影消除"为 11，如图 5.26 所示，单击"确定"按钮，即可为黑白图像上色。

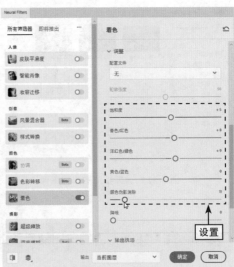

图5.25　开启"着色"功能　　　　图5.26　设置各参数

5.4 摄影类 Neural Filters

在Neural Filters中，有一个"摄影"功能模块，其中包括"超级缩放"和"深度模糊"两个功能，可以对图像进行缩放和模糊处理。本节主要介绍这些AI摄影的扩展功能，帮助读者轻松调出喜欢的摄影作品。

5.4.1 练习实例：无损放大摄影作品的尺寸

扫码
看视频

借助Neural Filters的"超级缩放"功能，可以放大并裁切图像，再添加细节以补偿损失的分辨率，从而达到无损放大图像的效果。原图与效果图对比如图5.27所示。

图5.27　原图与效果图对比

下面介绍无损放大摄影作品的尺寸的操作方法。

步骤 01 打开一幅素材图像，单击"滤镜"| Neural Filters命令，展开Neural Filters面板，在该面板左侧的"所有筛选器"列表框中开启"超级缩放"功能，如图5.28所示。

步骤 02 在右侧的预览图下方单击"放大"按钮 ⊕，如图5.29所示，即可将图像放大至原图的两倍，单击"确定"按钮确认。

步骤 03 Photoshop会生成一个新的大图，从右下角的状态栏中可以看到图像的尺寸和分辨率都变大了，如图5.30所示。

图5.28　开启"超级缩放"功能　　　　图5.29　单击"放大"按钮

图5.30　图像的尺寸和分辨率都变大了

5.4.2　练习实例：调整摄影作品景深效果

扫码
看视频

借助 Neural Filters 的"深度模糊"功能，可以在图像中创建环境深度以模糊前景或背景对象，从而实现画面景深的调整。原图与效果图对比如图5.31所示。

图5.31　原图与效果图对比

下面介绍调整摄影作品景深效果的操作方法。

步骤 01 打开一幅素材图像，单击"滤镜" | Neural Filters 命令，展开 Neural Filters 面板，在该面板左侧的"所有筛选器"列表框中开启"深度模糊"功能，如图 5.32 所示。

步骤 02 在右侧的"焦点"选项区中，选中"焦点主体"复选框，如图 5.33 所示，确保主体对象不会变模糊，然后单击"确定"按钮，即可虚化画面背景。

图5.32　开启"深度模糊"功能

图5.33　选中"焦点主体"复选框

5.5 恢复类 Neural Filters

在 Neural Filters 中，有一个"恢复"功能模块，其中包括"移除 JPEG 伪影"和"照片恢复"两个功能，可以快速移除 JPEG 图像产生的伪影，并对照片进行适当恢复处理。本节主要介绍这些 AI 图像恢复功能的应用。

5.5.1 练习实例：用 AI 技术快速修复老照片

扫码
看视频

借助 Neural Filters 的"照片恢复"功能，可以用强大的 AI 技术快速修复老照片，如提高对比度、增强细节、消除划痕等。将此功能与"着色"功能结合使用，可以进一步增强照片效果。原图与效果图对比如图 5.34 所示。

图 5.34　原图与效果图对比

下面介绍用 AI 技术快速修复老照片的操作方法。

步骤 01　打开一幅素材图像，单击"滤镜" | Neural Filters 命令，展开 Neural Filters 面板，在该面板左侧的"所有筛选器"列表框中开启"照片恢复"功能，如图 5.35 所示。

步骤 02　在右侧展开"调整"选项区，设置"降噪"为 17，如图 5.36 所示，以减少画面中的噪点。

步骤 03　执行操作后，即可修复老照片，效果如图 5.37 所示。

步骤 04　在 Neural Filters 面板左侧的"所有筛选器"列表框中，开启"着色"功能，如图 5.38 所示。

图5.35 开启"照片恢复"功能

图5.36 设置"降噪"为17

图5.37 修复后的老照片

图5.38 开启"着色"功能

步骤 05 执行操作后，即可自动为老照片上色，效果如图5.39所示。

步骤 06 在右侧展开"调整"选项区，设置"颜色伪影消除"为31，如图5.40所示，增强图像的细节质量，单击"确定"按钮，即可完成老照片的修复操作。

图5.39 自动为老照片上色 图5.40 设置相应参数

5.5.2 练习实例：移除JPEG伪影以提升画质

扫码
看视频

借助Neural Filters的"移除JPEG伪影"功能，可以移除压缩JPEG图像时产生的伪影，提升图像的画质。原图与效果图对比如图5.41所示。

图5.41 原图与效果图对比

下面介绍移除JPEG伪影以提升画质的操作方法。

步骤 01 打开一幅素材图像，单击"滤镜"| Neural Filters命令，展开Neural Filters面板，在该面板左侧的"所有筛选器"列表框中开启"移除JPEG伪影"功能，如图5.42所示。

步骤 02 在右侧的"强度"下拉列表框中选择"高"选项，如图5.43所示，可以提高图像的质量和压缩比例，减少伪影的产生。伪影是指在压缩JPEG图像时出现的一种视觉失真效应，通常表现为图像边缘处呈不规则形状（锯齿状或马赛克状）。

图 5.42　开启"移除 JPEG 伪影"功能　　　　图 5.43　选择"高"选项

步骤 03　单击"确定"按钮，即可提升图像的画质。

扫码
看视频

5.6　综合实例：一键转移人物的妆容效果

借助 Neural Filters 的"妆容迁移"功能，可以将人物眼部和唇部的妆容风格应用到其他人物图像中。原图与效果图对比如图 5.44 所示。

图 5.44　原图与效果图对比

下面介绍一键转移人物的妆容效果的操作方法。

步骤 01 打开一幅素材图像，单击"滤镜"| Neural Filters 命令，展开 Neural Filters 面板，在该面板左侧的"所有筛选器"列表框中开启"妆容迁移"功能，如图 5.45 所示。

步骤 02 在右侧的"参考图像"选项区的"选择图像"下拉列表框中选择"从计算机中选择图像"选项，如图 5.46 所示。

图 5.45 开启"妆容迁移"功能   图 5.46 选择"从计算机中选择图像"选项

步骤 03 弹出"打开"对话框，选择相应的图像素材，效果如图 5.47 所示。

步骤 04 单击"使用此图像"按钮，即可上传参考图像，如图 5.48 所示，并将参考图像中的人物妆容应用到素材图像中，单击"确定"按钮，即可改变人物的妆容。

图 5.47 选择相应的图像素材   图 5.48 上传参考图像

本章小结

本章主要讲解了 Neural Filters 的使用技巧，如人像类 Neural Filters、创意类 Neural Filters、颜色类 Neural Filters、摄影类 Neural Filters 以及恢复类 Neural Filters，通过强大的 AI 滤镜处理能力，可以轻松调出需要的照片效果。通过本章的学习，读者可以熟练掌握 Neural Filters 的各项核心功能，成为后期处理高手。

课后习题

1. 使用 Neural Filters 功能更换照片中的天空，素材和效果图对比如图 5.49 所示。

图 5.49　素材和效果图对比

 扫码
看视频

2. 使用 Neural Filters 为黑白图片自动上色，素材和效果图对比如图 5.50 所示。

图 5.50　素材和效果图对比

 扫码
看视频

高级处理工具——Camera Raw 　第 6 章

　　Camera Raw 是由 Adobe 公司开发的一款图像处理软件，是 Photoshop 软件的一个插件，用于处理照片的原始图像数据，即未经过任何压缩或处理的照片。在 Photoshop 2024 版中，Camera Raw 也有一些 AI 图像处理功能，本章将进行详细讲解。

◀» 本章重点

- 运用预设实现图像自动调色
- 创建自动蒙版编辑照片
- 其他实用的 AI 调整功能
- 综合实例：调出暖色调的沙漠风光效果
- 综合实例：调整风光照片中天空的颜色

6.1　运用预设实现图像自动调色

在Camera Raw中,通过强大的AI预设功能可以一键智能调整图像的色彩,如"自适应:人像""自适应:天空""自适应:主体""人像:深色皮肤"以及"黑白"滤镜功能等。本节主要介绍运用预设实现图像自动调色的操作方法。

6.1.1　练习实例:自适应人像照片调色

扫码
看视频

在Camera Raw的"自适应:人像"滤镜组中,包含多种不同的人像预设色调,如魅力人像、精美人像、坚毅人像、美白牙齿以及顺滑头发等,不同的预设色调给人的视觉感受也不相同。本实例主要增强人物的鼻子、嘴巴以及下巴的立体感,原图与效果图对比如图6.1所示。

图6.1　原图与效果图对比

下面介绍自适应人像照片调色的操作方法。

步骤 01　打开一幅素材图像,在"图层"面板中按 Ctrl ＋ J 组合键,复制一个图层,得到"图层 1"图层,单击"滤镜"|"Camera Raw 滤镜"命令,如图 6.2 所示。

【技巧提示】Camera Raw 滤镜的快捷操作。

在 Photoshop 中按 Shift ＋ Ctrl ＋ A 组合键,也可以快速打开 Camera Raw 窗口。

步骤 02　打开 Camera Raw 窗口,在右侧面板中单击"预设"按钮◉,打开"预设"面板,展开"自适应:人像"滤镜组,如图 6.3 所示。

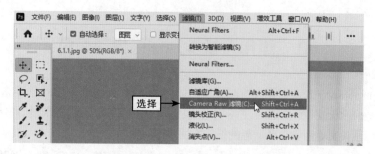

图6.2　单击"Camera Raw 滤镜"命令

图6.3　展开"自适应：人像"滤镜组

步骤 03 在下方选择"坚毅人像"预设模式，即可加深照片中人像的面部阴影，使人物面部的轮廓更具立体感，如图 6.4 所示。调色完成后，单击"确定"按钮即可。

图6.4　自动调整人像的面部形态

▶ 专家提醒

Camera Raw 插件通常与 Photoshop 和 Adobe Lightroom 等软件一起使用，为摄影师和图像处理专业人士提供了更多的灵活性和创意控制，使他们能够充分发挥摄影的潜力并得到高质量的图像输出。

6.1.2 练习实例：自适应风景照片调色

扫码看视频

在 Camera Raw 中的"自适应：天空"滤镜组中包含多种天空色调，选择某种预设样式可以调出相应的风景照片效果。原图与效果图对比如图6.5所示。

图6.5 原图与效果图对比

下面介绍自适应风景照片调色的操作方法。

步骤 01 打开一幅素材图像，单击"滤镜"|"Camera Raw 滤镜"命令，打开 Camera Raw 窗口，在右侧面板中单击"预设"按钮 ，打开"预设"面板，展开"自适应：天空"滤镜组，如图6.6所示。

图6.6 展开"自适应：天空"滤镜组

▶ 专家提示

在"自适应：天空"滤镜组中，包括暗色戏剧、暴风云、蓝色戏剧、霓虹灯热带、日出以及夕阳余晖6种预设模式，用户可以一一尝试，调出满意的风景照片效果。

步骤 02 选择"夕阳余晖"预设模式，即可加深风景照片中天空的色调，使风景照片更具吸引力，如图6.7所示。调色完成后，单击"确定"按钮即可。

图6.7 选择"夕阳余晖"预设模式

6.1.3 练习实例：自适应主体调色

扫码
看视频

在Camera Raw的"自适应：主体"滤镜组中，包含多种不同的主体预设色调，如流行、暖色流行、柔和、柔冷色、鲜亮以及发光等，选择相应的预设色调可以调整画面中主体对象的颜色。原图与效果图对比如图6.8所示。

图6.8 原图与效果图对比

下面介绍自适应主体调色的操作方法。

步骤 01 打开一幅素材图像,单击"滤镜"|"Camera Raw 滤镜"命令,打开 Camera Raw 窗口,在右侧面板中单击"预设"按钮,打开"预设"面板,展开"自适应:主体"滤镜组,如图 6.9 所示。

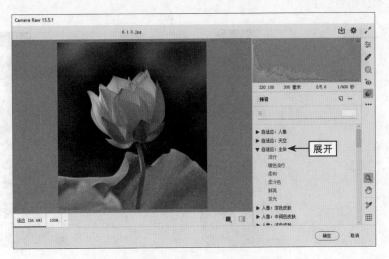

图6.9 展开"自适应:主体"滤镜组

步骤 02 选择"柔冷色"预设模式,使主体在画面中呈现出柔冷色的效果,与周围的环境对比更加强烈,如图 6.10 所示。调色完成后,单击"确定"按钮即可。

图6.10 选择"夕阳余晖"预设模式

【技巧提示】"自适应:主体"滤镜组的应用技巧。

如果用户需要调出主体的暖色调效果,可以选择"暖色流行"预设色调;如果用户需要使主体的颜色更加鲜艳,可以选择"鲜亮"预设色调;如果用户希望主体对象偏白偏亮,可以选择"发光"预设色调。

6.1.4 练习实例：改变人像照片的肤色

扫码
看视频

在"人像"滤镜组中，包含多种不同肤色的人像预设色调，如深色皮肤、中间色皮肤以及浅色皮肤等，不同的肤色给人的视觉感受也不相同。原图与效果图对比如图6.11所示。

图6.11 原图与效果图对比

下面介绍改变人像肤色的操作方法。

步骤 01 打开一幅素材图像，单击"滤镜" | "Camera Raw 滤镜"命令，打开 Camera Raw 窗口，在右侧面板中单击"预设"按钮，打开"预设"面板，其中包括 3 组人像滤镜，如图 6.12 所示。

图6.12 人像滤镜

步骤 02 展开"人像：深色皮肤"选项，在下方选择相应的预设模式，即可将人像调为深色皮肤色调，如图 6.13 所示。

步骤 03 展开"人像：中间色皮肤"选项，在下方选择相应的预设模式，即可将人像调为中间色皮肤色调，如图 6.14 所示。

步骤 04 展开"人像：浅色皮肤"选项，在下方选择相应的预设模式，即可将人像调为浅色皮肤色调，如图 6.15 所示。调色完成后，单击"确定"按钮即可。

图6.13 将人像调为深色皮肤色调

图6.14 将人像调为中间色皮肤色调

图6.15　将人像调为浅色皮肤色调

6.1.5　练习实例：调出黑白风格的肖像照片

扫码
看视频　　　　黑白滤镜是一种常用的调色工具，用于将彩色图像转换为黑白（灰度）图像。在Camera Raw中，预设了多种黑白滤镜，可以一键调色。原图与效果图对比如图6.16所示。

图6.16　原图与效果图对比

下面介绍调出黑白风格的肖像照片的操作方法。

步骤 01　打开一幅素材图像，单击"滤镜"｜"Camera Raw 滤镜"命令，打开 Camera Raw 窗口，在右侧面板中单击"预设"按钮，打开"预设"面板，展开"黑白"选项，在下方选择"黑白高对比度"选项，如图 6.17 所示，即可将图像调整为高对比度的黑白效果。

图6.17　选择"黑白 高对比度"选项

步骤 02 选择"黑白 棕褐色调"选项，如图 6.18 所示，即可将图像调整为棕褐色调的黑白效果，带有一种经典、复古的艺术氛围，使照片更富有感染力，最后单击"确定"按钮即可。

图6.18　选择"黑白 棕褐色调"选项

【知识拓展】黑白肖像照片的特点。

- 经典和时光感：黑白肖像照片非常经典，仿佛可以穿越时光回到过去，这种氛围可以让观众感受到岁月的沉淀，为照片增添了历史感和文化底蕴。
- 对比强烈：由于没有了色彩，黑白照片更容易突显画面中的明暗对比，这使得光影效果更为显著，能够强调人物的面部轮廓和表情的细微差异。
- 纪实和写实：黑白肖像照片往往更注重对被摄者真实状态的还原，通过简约的方式展现被摄者的特质和性格，有助于打造一种纪实和写实的效果。

6.1.6　练习实例：调出电影风格的照片效果

　　　电影风格是指图像的颜色搭配和调性，类似于电影中的氛围感和视觉效果，通过巧妙的色彩运用，图像处理师能够传达出特定的情感、主题和情境。原图与效果图对比如图6.19所示。

图6.19　原图与效果图对比

　　下面介绍调出电影风格的照片效果的操作方法。

步骤 01 打开一幅素材图像，单击"滤镜"|"Camera Raw 滤镜"命令，打开 Camera Raw 窗口，在右侧面板中单击"预设"按钮 ，打开"预设"面板，展开"风格：电影"选项，在下方选择 CN03 选项，如图 6.20 所示，即可将图像调整为电影风格的色调效果。

图6.20　选择CN03选项

步骤 02 在下方选择 CN05 选项，如图 6.21 所示，将图像调为另一种电影风格，使色彩更为深沉。调色完成后，单击"确定"按钮即可。

图6.21　选择CN05选项

6.1.7　练习实例：根据风景主题进行调色

扫码
看视频

在Camera Raw中，包括多种有关风景主题的调色滤镜组，如"季节：春季""季节：夏季""季节：秋季""季节：冬季"以及"主题：风景"等滤镜组，在这些滤镜组中选择某种预设样式可以调出相应的主题效果。原图与效果图对比如图6.22所示。

图6.22　原图与效果图对比

下面介绍根据风景主题进行调色的操作方法。

步骤 01 打开一幅素材图像，单击"滤镜"|"Camera Raw 滤镜"命令，打开 Camera Raw 窗口，

在右侧面板中单击"预设"按钮 ，打开"预设"面板，可以看到"季节：春季""季节：夏季""季节：秋季""季节：冬季"以及"主题：风景"等滤镜组，如图6.23所示。

图6.23　有关风景主题的调色滤镜组

步骤 02 展开"季节：春季"选项，在下方选择SP01选项，如图6.24所示，即可将图像调整为春季色调，使画面清新有活力。

步骤 03 展开"季节：夏季"选项，在下方选择SM02选项，如图6.25所示，即可将图像调整为夏季色调，使画面色彩鲜艳。调色完成后，单击"确定"按钮即可。

图6.24　选择SP01选项

图6.25 选择SM02选项

▶ 专家提示

在"季节：夏季"滤镜组中选择 SM02 选项后，拖曳上方的滑块，可以设置滤镜效果的强度。向左拖曳滑块，可以减淡滤镜效果；向右拖曳滑块，可以加强滤镜效果。

6.1.8 练习实例：根据食物主题进行调色

扫码
看视频

在 Camera Raw 中，用户还可以根据食物主题进行调色，在"主题：食物"滤镜组中一共包括11种预设样式，用户可根据需要选择。原图与效果图对比如图6.26所示。

图6.26 原图与效果图对比

下面介绍根据食物主题进行调色的操作方法。

步骤 01 在 Camera Raw 窗口中打开一幅素材图像，单击"预设"按钮 ，打开"预设"面板，展开"主题：食物"选项，如图 6.27 所示。

图6.27　展开"主题：食物"选项

步骤 02 在"主题：食物"下方选择 FD09 选项，如图 6.28 所示，可以加强食物的暖色调效果。调色完成后，单击"打开对象"按钮，即可在 Photoshop 中打开调好的图像。

图6.28　选择FD09选项

6.2　创建自动蒙版编辑照片

在 Camera Raw 的"蒙版"面板中提供了各种局部调整工具，这些工具可帮助用户精确调整图像的颜色或明亮度范围，并且可以编辑图像中的特定区域。本节主要介绍创建自动蒙版编辑照片的操作方法。

扫码
看视频

6.2.1　练习实例：创建主体蒙版

在 Camera Raw 中为主体创建蒙版后，可以单独调整主体对象的亮度与颜色等属性，使主体在图像中更加突出与显眼。原图与效果图对比如图6.29所示。

图6.29 原图与效果图对比

下面介绍创建主体蒙版的操作方法。

步骤 01 在 Camera Raw 窗口中打开一幅素材图像,在右侧面板中单击"蒙版"按钮 ,如图6.30所示。

图6.30 单击"蒙版"按钮

步骤 02 打开相应面板,在上方单击"主体"按钮,如图 6.31 所示。

步骤 03 执行操作后,即可为图像中的咖啡杯主体创建蒙版,展开"亮"选项,设置"曝光"为 +0.90,提高主体的亮度,如图 6.32 所示。

步骤 04 展开"颜色"选项,设置"色温"为 +35、"色调"为 +45,如图 6.33 所示,将主体对象调为"暖色"色调。调色完成后,单击"打开对象"按钮,即可在 Photoshop 中打开调好的图像。

图6.31 单击"主体"按钮

图6.32 提高主体的亮度

图6.33 设置主体的色温与色调

6.2.2　练习实例：创建天空蒙版

如果用户对图像中的天空色彩不满意，可以为天空区域创建蒙版，然后单独调整天空区域的色彩与色调。原图与效果图对比如图6.34所示。

图6.34　原图与效果图对比

下面介绍创建天空蒙版的操作方法。

步骤 01 在 Camera Raw 窗口中打开一幅素材图像，在"编辑"面板中单击"自动"按钮，自动调整图像的色调，然后设置"曝光"为 +0.85、"对比度"为 +21，如图 6.35 所示，调整图像的曝光与对比度，提亮图像细节。

图6.35　设置各参数

▶ 专家提示

　　在 Camera Raw 窗口中，在"编辑"面板中单击"黑白"按钮，可以制作出图像的黑白效果，在下方设置相应的参数，可以调出不同质感的黑白照片。

步骤 02 在右侧面板中单击"蒙版"按钮 ⬤，打开相应面板，在上方单击"天空"按钮，如图6.36所示。

图6.36 单击"天空"按钮

步骤 03 执行操作后，即可为天空创建蒙版，天空区域以红色叠加显示，如图6.37所示。

图6.37 天空区域以红色叠加显示

【技巧提示】天空蒙版的操作技巧。

　　在"创建新蒙版"面板中，选择相应的蒙版后，单击"添加"按钮，可以进一步添加蒙版的范围；单击"减去"按钮，可以减去或擦除自动选取的区域；选中"显示叠加（自动）"复选框，将在图像中以叠加的颜色显示蒙版的区域与范围，方便用户查看创建的蒙版。

步骤 04 在面板中展开"亮"选项，在下方设置"对比度"为 +25，增强图像的对比度；展开"颜色"选项，在下方设置"色温"为 +53、"色调"为 +35，如图 6.38 所示，调整天空区域的色彩，使落日的晚霞更加迷人。调色完成后，单击"打开对象"按钮，即可在 Photoshop 中打开调好的图像。

图 6.38　设置"色温"与"色调"参数

6.2.3　练习实例：创建背景蒙版

扫码看视频

如果用户对风光照片的背景不满意，可以单独调整风光照片背景的色彩与色调，使整体的颜色更加协调、统一。原图与效果图对比如图 6.39 所示。

图 6.39　原图与效果图对比

下面介绍创建背景蒙版的操作方法。

步骤 01 在 Camera Raw 窗口中打开一幅素材图像，在右侧面板中单击"蒙版"按钮 ，执行操作后，即可打开相应面板，在上方单击"背景"按钮，如图 6.40 所示，可以自动选择照片中的背景区域。

步骤 02 执行操作后，即可为背景创建蒙版，背景区域以红色叠加显示，如图 6.41 所示，此时可以看到马的身体部分被列入了背景区域，需要将该部分减出来。

图6.40 单击"背景"按钮

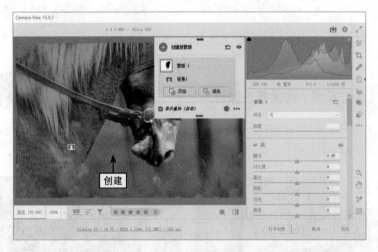

图6.41 为背景创建蒙版

步骤 03 在"创建新蒙版"面板中，单击"减去"按钮，在弹出的列表框中选择"画笔"选项，用画笔工具涂抹马的身体，将其从背景蒙版中清除，如图 6.42 所示，此时该区域将不会显示红色的颜色叠加。

步骤 04 在"蒙版"面板中，展开"亮"选项，在下方设置"曝光"为 –0.85、"对比度"为 +22、"高光"为 –52，如图 6.43 所示，降低背景区域的亮度与高光，提高对比度。

步骤 05 展开"颜色"选项，在下方设置"色温"为 –36、"色调"为 –10、"色相"为 +23.6、"饱和度"为 +36，如图 6.44 所示，将背景调为冷色调，使画面更加耐看。调色完成后，单击"打开对象"按钮，即可在 Photoshop 中打开调好的图像。

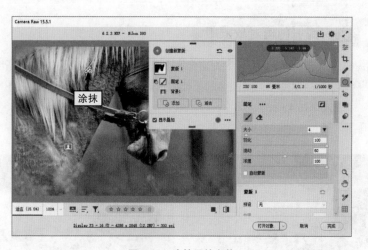

图6.42　涂抹马的身体

图6.43　设置"亮"选项下的相关参数

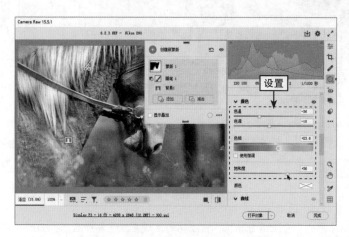

图6.44　设置"颜色"选项下的相关参数

6.2.4　练习实例：创建对象蒙版

扫码
看视频

　　　　　在Camera Raw中为对象创建蒙版后，可以调整对象的亮度、对比度与色彩等属性，使图像的整体效果更具吸引力和可视性。原图与效果图对比如图6.45所示。

下面介绍创建对象蒙版的操作方法。

图6.45　原图与效果图对比

步骤 01　在Camera Raw窗口中打开一幅素材图像，在右侧面板中单击"蒙版"按钮 ，打开相应面板，然后单击"物体"按钮，如图6.46所示。

图6.46　单击"物体"按钮

步骤 02　在图像中的美食上进行涂抹，被涂抹的区域呈红色叠加显示，如图6.47所示。

图6.47　被涂抹的区域呈红色叠加显示

步骤 03 释放鼠标左键，即可选中美食对象，如图 6.48 所示。

图6.48　选中美食对象

步骤 04 展开"亮"选项，在其中设置"曝光"为 +0.55、"对比度"为 +52、"高光"为 −21，如图 6.49 所示，调整美食对象的亮度。

图6.49　调整美食对象的亮度属性

步骤 05 展开"颜色"选项，在下方设置"色温"为 +23、"色调"为 −23、"色相"为 −14.9、"饱和度"为 +25，如图 6.50 所示，以提高美食的鲜艳度，使美食更具诱惑力。

图 6.50　调整美食对象的颜色属性

步骤 06 调色完成后，单击"打开对象"按钮，即可在 Photoshop 中打开调好的图像。

6.2.5　练习实例：创建人物蒙版

扫码
看视频

　　在 Camera Raw 的蒙版操作中，通过强大的 AI 功能，可以自动识别人像的各个部分（如面部皮肤、身体皮肤、眉毛、眼睛以及嘴唇等）并单独进行调整，使人像照片更加完美。原图与效果图对比如图 6.51 所示。

图 6.51　原图与效果图对比

　　下面介绍创建人物蒙版的操作方法。

步骤 01 打开一幅素材图像，在"图层"面板中，按 Ctrl＋J 组合键，复制一个图层，得到"图层 1"图层，单击"滤镜"|"Camera Raw 滤镜"命令，打开 Camera Raw 窗口，在右侧面板中单击"蒙版"按钮🜲，打开相应面板，在"人物"下方单击"人物 1"缩略图，如图 6.52 所示。

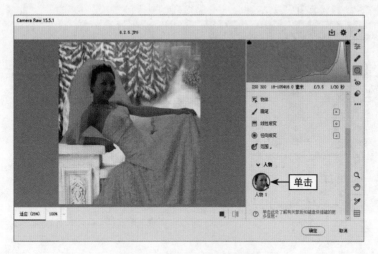

图6.52 单击"人物1"缩略图

步骤 02 进入"人物蒙版选项"面板，在下方勾选"面部皮肤""身体皮肤"和"唇"这 3 个复选框，单击"创建"按钮，如图 6.53 所示。

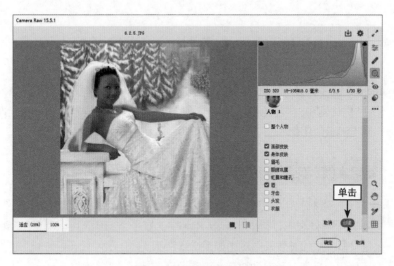

图6.53 单击"创建"按钮

▶ 专家提示

在 Camera Raw 中，用户可以单独对人物的面部皮肤、身体皮肤、眉毛、眼睛巩膜、虹膜和瞳孔、唇、牙齿、头发以及衣服等各个部分进行调整。

步骤 03 进入相应面板,取消勾选"显示叠加"复选框,在下方设置"曝光"为 +0.75,提亮皮肤;设置"对比度"为 +18,增强画面对比度,使人物轮廓更具立体感;设置"高光"为 +6,使皮肤更有光泽感,如图 6.54 所示。

图6.54 设置各参数

步骤 04 单击"确定"按钮,返回 Photoshop 工作界面,查看处理完成的人像照片效果。

6.3 其他实用的 AI 调整功能

在 Camera Raw 中,还有一些实用的 AI 调整功能,如使用白平衡工具自动校正色温和色调、使用"优化饱和度"功能微调照片以及使用 AI 减少杂色实现自动降噪处理等,帮助用户轻松调出满意的图像作品。

6.3.1 练习实例:使用白平衡工具自动校正色温和色调

扫码
看视频

当数码相机的白平衡设置不当时,会导致拍摄出来的照片颜色不正,在后期处理中,利用 Camera Raw 中的白平衡工具,可以调整拍摄场景的颜色,让画面更自然。原图与效果图对比如图 6.55 所示。

下面介绍使用白平衡工具自动校正色温和色调的操作方法。

步骤 01 在 Camera Raw 窗口中打开一幅素材图像,在右侧面板中单击白平衡工具🖊,如图 6.56 所示。

步骤 02 在烧烤图像上的适当位置单击,即可自动调整图像的白平衡效果,如图 6.57 所示。

图 6.55　原图与效果图对比

图 6.56　单击白平衡工具

图 6.57　自动调整图像的白平衡效果

步骤 03 在右侧的"基本"选项区中，设置"曝光"为 +0.80、"对比度"为 +23、"高光"为 +28、"阴影"为 −30、"白色"为 +17、"清晰度"为 +12、"去除薄雾"为 +10、"自然饱和度"为 +31，如图 6.58 所示，调整图像的画面细节，使图像更具吸引力。

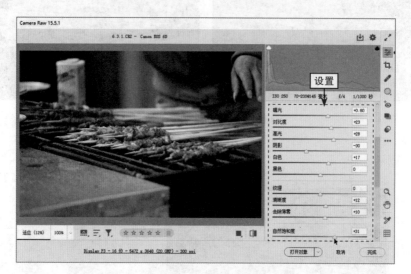

图6.58　设置各参数

步骤 04 调色完成后，单击"打开对象"按钮，即可在 Photoshop 中打开调好的图像。

6.3.2　练习实例：使用"优化饱和度"功能微调照片

扫码
看视频　　　　在 Camera Raw 中使用点曲线工具编辑图像时，图像整体的饱和度会发生改变。如果要在进行点曲线调整时控制图像的饱和度变化，可以使用"优化饱和度"功能对图像进行调整。原图与效果图对比如图6.59所示。

图6.59　原图与效果图对比

下面介绍使用"优化饱和度"功能微调照片的操作方法。

步骤 01 在 Camera Raw 窗口中打开一幅素材图像，如图 6.60 所示。

步骤 02 展开"曲线"选项区，单击"单击以编辑点曲线"按钮，如图 6.61 所示。

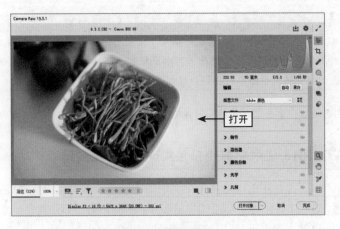

图6.60 素材图像

图6.61 单击"单击以编辑点曲线"按钮

步骤 03 在曲线上添加一个关键点，设置"输入"为 128、"输出"为 173、"优化饱和度"为 38，如图 6.62 所示，调整图像的色调，并优化图像的饱和度。

图6.62 设置各参数

步骤 **04** 调色完成后，单击"打开对象"按钮，即可在 Photoshop 中打开调好的图像。

6.3.3 练习实例：使用 AI 减少杂色实现自动降噪处理

扫码
看视频

照片中的噪点是指相机中的图像传感器将光线作为接收信号，输出过程中在图像中产生的粗糙部分。这些粗糙的部分就是一些小糙点（noise，也称为噪声），所以被称为噪点。在 Camera Raw 中，用户可以使用 AI 减少杂色功能对图像进行自动降噪处理。原图与效果图对比如图 6.63 所示。

图 6.63　原图与效果图对比

下面介绍使用 AI 减少杂色功能实现自动降噪处理的操作方法。

步骤 **01** 在 Camera Raw 窗口中打开一幅素材图像，在右侧展开"基本"选项区，在其中设置"曝光"为 +1.60、"对比度"为 +18、"高光"为 −79、"阴影"为 +59、"白色"为 −34、"黑色"为 +50、"自然饱和度"为 +43、"饱和度"为 +13，增强画面的暖色调氛围，效果如图 6.64 所示。

图 6.64　增强画面的暖色调氛围设置

步骤 02 展开"细节"选项区，设置"锐化"为 47、"半径"为 1.2、"细节"为 35、"蒙版"为 21，锐化图像的边缘，让图像更加清晰。在"减少杂色"选项区中，单击"去杂色"按钮，如图 6.65 所示。

图6.65　锐化图像的边缘

【知识拓展】使用 AI 减少杂色功能的注意事项。

　　Camera Raw 中的 AI 降噪功能是指使用 AI 技术减少照片中的噪点，该功能可以自动分析照片中的噪点信息，并根据预览结果手动设置降噪数值，处理时间会根据计算机硬件和照片精度决定。在使用 AI 降噪功能时，需要注意适度降噪，避免过度降噪导致图像细节变模糊。

步骤 03 执行操作后，弹出"增强"对话框，其中显示了降噪处理的估计时间，单击"增强"按钮，如图 6.66 所示。

步骤 04 执行操作后，即可使用 AI 减少杂色，并显示处理进度，如图 6.67 所示，稍等片刻，完成 Camera Raw 的处理后，单击"打开对象"按钮，即可在 Photoshop 中打开调好的图像。

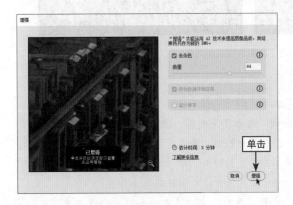

图6.66　单击"增强"按钮

图6.67　显示处理进度

【知识拓展】"细节"选项区介绍。

"细节"选项区中部分选项的含义如下。

- "锐化"选项：主要用于设置图像边缘的清晰度，数值越高图像锐化效果越明显，数值越低图像边缘越柔和。
- "半径"选项：用于设置图像的细节大小。
- "细节"选项：用于设置在图像中锐化的高频信息和锐化过程强调边缘的程度。
- "蒙版"选项：用于控制图像边缘的蒙版，当数值为 100 时，锐化主要限制在饱和度最高的图像边缘附近。

同时，在观察锐化效果时，一般要把图像放大到 100%，这样才能更准确地看到锐化操作给画面带来的影响。

扫码
看视频

6.4 综合实例：调出暖色调的沙漠风光效果

暖色调(如橙色、红色、黄色)的照片具有一种温暖、柔和的氛围，能够引发人们的情感共鸣，使照片更富有表现力。暖色调可以加强光影的效果，突出照片中的高光和阴影部分，有助于创造更加戏剧性和引人入胜的画面。原图与效果图对比如图 6.68 所示。

▶ 专家提示

暖色调的风光照片通过色彩的温度和光影的表现力，能够表现一种独特的情感和美感，这使得暖色调在风光摄影中经常被用于创造引人入胜的画面。

图6.68 原图与效果图对比

【技巧提示】处理沙漠风光照片的技巧。

在处理沙漠风光照片时，有以下几点需要注意的技巧。

- 强调暖色调：沙漠通常为暖色调，因此提高黄色、橙色和红色的饱和度可以使照片更贴近实际场景，再通过调整色温和色调，突出沙漠的温暖感。
- 处理天空：增强天空的蓝色调，使其更加饱满，与沙漠的暖色调形成强烈的对比，或者通过渲染日落或日出时的天空颜色来营造戏剧性效果。
- 调整对比度：沙漠中的光影对比较为强烈，可以适当增加对比度以突显细节，并使图像更有深度。但要注意不要使对比度过高，以免失去一些细节。

● 保留自然感：尽管后期调色可以增强照片的吸引力，但也要注意保持照片的自然感觉，避免过度处理，以免失去真实的沙漠风光氛围。

下面介绍调出暖色调的沙漠风光效果的操作方法。

步骤 01 在 Camera Raw 窗口中打开一幅素材图像，在右侧展开"基本"选项区，在其中设置"曝光"为 +0.50、"对比度"为 +24、"高光"为 −67、"阴影"为 +32、"白色"为 +50、"黑色"为 +19、"自然饱和度"为 +15、"饱和度"为 −6，增强沙漠原本的黄色调，初步调出沙漠风光的暖色调氛围，效果如图 6.69 所示。

图6.69　初步调出沙漠风光的暖色调氛围

【技巧提示】"对比度"选项的设置技巧。

Camera Raw 中的"对比度"选项用于增加或降低图像对比度，主要影响中间调。增加对比度时，中间调到暗色调的图像区域会变得更暗，而中间调到亮色调的图像区域会变得更亮；降低对比度时，对图像色调产生的影响正好相反。

不同的明暗对比，其反映的风格不同。高对比的画面，高光部位与阴影处的亮度差异大，从明到暗的层次变化明显，画面给人的感觉比较硬朗；反之，低对比的画面层次变化不明显，画面效果较柔和，如图 6.70 所示。

图6.70　高对比和低对比的图像画面效果

步骤 02 展开"混色器"选项区,设置"调整"为 HSL,并切换至"色相"选项卡,在其中设置"橙色"为 –16、"黄色"为 –27,使沙漠偏橙红色调,效果如图 6.71 所示。

图 6.71　使沙漠偏橙红色调

▶ 专家提示

　　HSL 色彩模式是工业界的一种颜色标准,HSL 即代表色相(Hue)、饱和度(Saturation)、明度(Luminance)通道的颜色,通过对这 3 个颜色通道的设置以及它们相互之间的叠加来得到各式各样的颜色。使用 HSL 调整功能,可以调整照片中的各种颜色范围。

步骤 03 展开"光学"选项区,依次勾选"删除色差"和"使用配置文件校正"复选框,对镜头进行校正,效果如图 6.72 所示。

图 6.72　对镜头进行校正

步骤 **04** 展开"效果"选项区，在其中设置"晕影"为 −37，减少照片四周的曝光度，为沙漠风光添加黑色的暗角效果，如图 6.73 所示。调色完成后，单击"打开对象"按钮即可。

图6.73 为沙漠风光添加黑色的暗角效果

扫码
看视频

6.5 综合实例：调整风光照片中天空的颜色

在 Camera Raw 中，通过为风光照片中的天空区域创建蒙版，可以对天空的色调进行单独处理。原图与效果图对比如图 6.74 所示。

图6.74 原图与效果图对比

下面介绍调整风光照片中天空的颜色的操作方法。

步骤 **01** 打开一幅素材图像，在 Camera Raw 窗口右侧面板中单击"蒙版"按钮 ，打开相应面板，在上方单击"天空"按钮，如图 6.75 所示。

图6.75 单击"天空"按钮

步骤 02 执行操作后，即可为天空创建蒙版，天空区域以红色叠加显示，如图6.76所示。

图6.76 天空区域以红色叠加显示

步骤 03 在面板中展开"亮"选项，在下方设置"曝光"为 +0.10、"对比度"为 +8，增强图像的曝光度与对比度；展开"颜色"选项，在下方设置"色温"为 −61、"色调"为 +20，如图6.77所示，调整天空区域的色彩。

【知识拓展】"颜色"选项中相关选项的介绍。

"颜色"选项中主要选项的含义如下。

图6.77　设置各参数

- "色温"选项：用于调整图像某个区域的色温，使其变暖或变冷，可提高在混合光照条件下捕捉的图像质量。
- "色调"选项：用于对绿色或洋红色色调进行补偿。

步骤 04　调色完成后，单击"确定"按钮，即可在 Photoshop 中打开调好的图像。

本 章 小 结

本章主要讲解了使用Camera Raw中的AI功能处理图像的方法，首先介绍运用预设实现图像自动调色的操作，包括自适应人像照片调色、自适应风景照片调色、自适应主体调色、改变人像照片的肤色以及调出黑白风格的肖像照片等内容；其次介绍创建自动蒙版编辑照片的方法，包括创建主体蒙版、天空蒙版、背景蒙版、对象蒙版以及人物蒙版等内容；最后讲解其他实用的AI调整功能。通过本章的学习，读者可以熟练掌握Camera Raw中AI功能的修图技巧，提高后期处理的效率。

课 后 习 题

1. 使用Camera Raw调出黑白风格的照片，素材和效果图对比如图6.78所示。

扫码
看视频

图6.78　素材和效果图对比

2. 使用Camera Raw调整风光照片的色彩与色调，素材和效果图对比如图6.79所示。

扫码
看视频

图6.79　素材和效果图对比

热门Photoshop AI插件——Alpaca 第 **7** 章

　　Alpaca 是一款较为热门的 Photoshop AI 插件，拥有许多实用的 AI 功能，如图像生成、线稿上色、风格转换、AI 填充、无损放大以及深度图等，选择不同的模型可以生成不同的 AI 图像效果。本章主要介绍 Alpaca 的基本 AI 功能和图像创作技巧，帮助读者创作出满意的 AI 作品。

◀》本章重点

- Alpaca 的基本 AI 功能
- Alpaca 的 AI 图像创作技巧
- 综合实例：以图生图制作古镇街道效果

7.1　Alpaca 的基本 AI 功能

Alpaca是一款创意生成式AI工具，通过文字描述可以生成相应的图像，还可以创建符合用户要求的素描草图，帮助艺术家快速生成各种艺术作品。本节主要介绍Alpaca的六大AI功能，让读者对Alpaca插件有一个基本的了解。

7.1.1　练习实例：使用文本提示创建图像

扫码
看视频

在Alpaca插件中，"图像生成"的主要功能是通过输入详细的文本描述来生成需要的各种图像画面，出图效率高，速度也比较快。以文生图的效果如图7.1所示。

图7.1　以文生图的效果

下面介绍使用文本提示创建图像的操作方法。

步骤 01　单击"文件"|"新建"命令，弹出"新建文档"对话框，在其中设置"宽度"为600像素、"高度"为800像素、"分辨率"为300像素/英寸、"颜色模式"为"RGB颜色""背景内容"为"白色"，如图7.2所示。

步骤 02　单击"创建"按钮，新建一个空白图像，按Ctrl + A组合键全选图像，在菜单栏中单击"增效工具"|Alpaca|Alpaca命令，如图7.3所示。

步骤 03　弹出Alpaca面板，在"工具"选项卡中单击"图像生成"按钮，如图7.4所示。

步骤 04　在"提示词"的"正向"选项卡中，输入相应的提示词内容，如图7.5所示。

步骤 05　单击面板下方的"生成"按钮，稍等片刻，即可生成4幅相应的山水风光图效果，如图7.6所示。

步骤 06　单击面板下方的向右箭头 ，查看生成的其他图像效果，如图7.7所示。

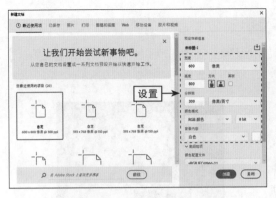

图7.2 设置各选项

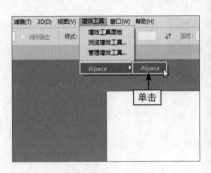

图7.3 单击Alpaca命令

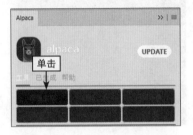

图7.4 单击"图像生成"按钮

图7.5 输入相应的提示词内容

步骤 07 将鼠标指针移至相应图像上，单击"导入到图层"按钮，如图 7.8 所示，即可将选择的图像导入 Photoshop 图像编辑窗口中，在"图层"面板中将生成相应的图层。

图7.6 生成的图像效果

图7.7 查看其他生成的图像效果

图7.8 单击相应按钮

7.1.2　练习实例：给素描草图上色

　　在Alpaca插件中，使用"线稿上色"功能可以为素描草图快速上色，生成一幅栩栩如生的草图效果。原图与效果图对比如图7.9所示。

图7.9　原图与效果图对比

　　下面介绍给素描草图上色的操作方法。

步骤 01 打开一幅素材图像，按 Ctrl ＋ A 组合键全选图像，如图 7.10 所示。

步骤 02 在"工具"选项卡中单击"线稿上色"按钮，设置"模型"为 Alpaca v2，输入相应的提示词，单击"生成"按钮，如图 7.11 所示。

图7.10　全选图像　　　　　　　图7.11　单击"生成"按钮

步骤 03 稍等片刻,即可生成 4 幅相应的草图上色效果,单击面板下方的向右箭头 ➡️,查看生成的其他图像效果,如图 7.12 所示。

图 7.12 生成的其他图像效果

步骤 04 将鼠标指针移至相应图像上,单击"导入到图层"按钮,即可将选择的图像导入 Photoshop 图像编辑窗口中,在"图层"面板中将生成相应的图层。

【技巧提示】"线稿上色"功能中的操作技巧。

在 Alpaca 面板中使用"线稿上色"功能后,在面板下方展开"线稿设置"选项区,单击"线稿类型"右侧的下拉按钮,在弹出的下拉列表中可以看到 3 种不同的线稿类型,如"精细""中等"以及"简单",如图 7.13 所示,选择相应的选项将以特定模型对图像进行渲染。

拖曳"线稿精细度"右侧的滑块,可以控制输出的图像与草图之间的贴合程度,如图 7.14 所示。数值越低,Alpaca 在生图的过程中将有更大的自由发挥空间;数值越高,Alpaca 越严格按照草图的轮廓进行上色处理。

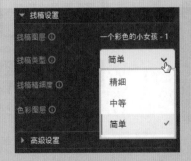 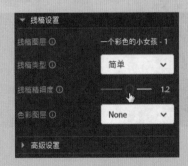

图 7.13 线稿类型 　　　　图 7.14 线稿精细度

7.1.3　练习实例：一键转换图像的风格

扫码
看视频

　　在Alpaca插件中，使用"风格转换"功能可以将一幅图像转换为不同的风格，如卡通、漫画、油画以及手绘线稿等。原图与效果图对比如图7.15所示。

图7.15　原图与效果图对比

　　下面介绍一键转换图像风格的操作方法。

步骤 01 打开一幅素材图像，按 Ctrl ＋ A 组合键全选图像，如图 7.16 所示。

步骤 02 在"工具"选项卡中单击"风格转换"按钮，输入相应的提示词，单击"生成"按钮，如图 7.17 所示。

全选

单击

图7.16　全选图像　　　　　　　　　　　图7.17　单击"生成"按钮

步骤 03 稍等片刻，即可生成 4 幅特定风格的图像效果，单击面板下方的向右箭头，可以查看生成的其他图像效果，如图 7.18 所示。

图 7.18　查看生成的其他图像效果

步骤 04 将鼠标指针移至相应的图像上，单击"导入到图层"按钮，即可将选择的图像导入 Photoshop 图像编辑窗口中，在"图层"面板中将生成相应的图层。

7.1.4　练习实例：AI 填充图像背景区域

在 Alpaca 插件中，使用"AI 填充"功能可以对图像中扩展的空白区域进行智能填充，还可以根据文本描述绘制新的对象到图像中。原图与效果图对比如图 7.19 所示。

图 7.19　原图与效果图对比

下面介绍 AI 填充图像背景区域的操作方法。

步骤 01 打开一幅素材图像，选择工具箱中的矩形选框工具 ，在图像右侧的空白区域创建一个矩形选区，如图 7.20 所示。

步骤 02 在"工具"选项卡中单击"AI 填充"按钮，然后单击面板下方的"生成"按钮，如图 7.21 所示。

图7.20 创建一个矩形选区   图7.21 单击"生成"按钮

步骤 03 稍等片刻，即可生成 4 幅扩展的图像效果，单击面板下方的向右箭头 ➡，可以查看生成的其他图像效果，如图 7.22 所示。

图7.22 查看生成的其他图像效果

步骤 04 将鼠标指针移至相应图像上，单击"导入到图层"按钮，如图 7.23 所示，即可将选择的图像导入 Photoshop 图像编辑窗口中，在"图层"面板中将生成相应的图层。

步骤 05 查看 AI 填充的图像背景区域，如图 7.24 所示，按 Ctrl + D 组合键取消选区。

图 7.23　单击"导入到图层"按钮

图 7.24　查看 AI 填充的图像效果

【知识拓展】查看与导入生成的图像内容。

在"已生成"选项卡的下方，单击"详情"按钮，在弹出的对话框中可以查看生成图像的详细信息，如图 7.25 所示；单击"全部导入"按钮，即可将生成的 4 幅图像全部导入 Photoshop 的"图层"面板中，对应生成 4 个图层，如图 7.26 所示。

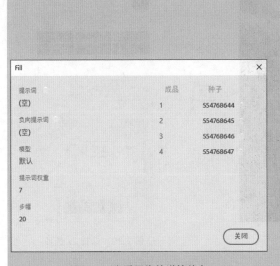

图 7.25　查看图像的详情信息

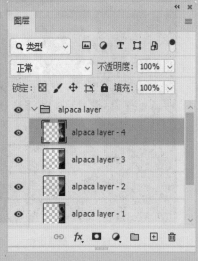

图 7.26　对应生成 4 个图层

7.1.5　练习实例：以高分辨率渲染并放大图像

在Alpaca插件中，使用"无损放大"功能可以以高分辨率渲染并放大图像，可以将图像放大至2倍、4倍或8倍。原图与效果图对比如图7.27所示。

图7.27　原图与效果图对比

下面介绍AI填充图像背景区域的操作方法。

步骤 01　打开一幅素材图像，按 Ctrl＋A 组合键全选图像，如图7.28所示。

步骤 02　在"工具"选项卡中单击"无损放大"按钮，在"放大比例"下拉列表框中选择2x选项，如图7.29所示，表示将图像无损放大2倍。

图7.28　全选图像　　　　　　　　　　　图7.29　选择2x选项

步骤 03　单击"生成"按钮，稍等片刻，在"已生成"选项卡中可以查看生成的图像效果，将鼠标指针移至图像上，单击"在新文档中打开"按钮，如图7.30所示。

步骤 04 执行操作后，即可在新文档中打开被无损放大 2 倍后的图像效果，在左下角可以看到放大后的图像分辨率尺寸，如图 7.31 所示。

图 7.30　单击相应按钮

图 7.31　查看图像分辨率尺寸

7.1.6　练习实例：一键生成准确的图像深度图

扫码
看视频

　　在 Alpaca 插件中，使用"深度图"功能可以一键生成准确的图像深度图，计算图像的深度，并生成模型。原图与效果图对比如图 7.32 所示。

图 7.32　原图与效果图对比

下面介绍一键生成准确的图像深度图的操作方法。

步骤 01 打开一幅素材图像，选择工具箱中的矩形选框工具 ⬚，在图像中的适当位置创建一个矩形选区，如图7.33所示。

步骤 02 在"工具"选项卡中单击"深度图"按钮，在"应用区域"选项区中选中"选中区域"单选按钮，如图7.34所示，表示只对选中的区域有效。

图7.33　创建一个矩形选区

图7.34　选中"选中区域"单选按钮

步骤 03 单击"生成"按钮，即可生成相应的深度图，如图7.35所示。

步骤 04 在深度图上单击"导入到图层"按钮，如图7.36所示，即可将深度图导入Photoshop图像编辑窗口，在"图层"面板中将生成相应的图层。

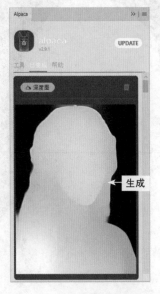

图7.35　生成相应的深度图

图7.36　单击"导入到图层"按钮

7.2 Alpaca 的 AI 图像创作技巧

掌握了 Alpaca 插件的基本功能后，还需要掌握 Alpaca 的相关图像创作技巧，才能快速创作出满意的 AI 作品，提高创作效率。

7.2.1 练习实例：设置生成的图像数量

扫码
看视频

在 Alpaca 面板中，默认情况下是生成 4 幅相关的 AI 图像效果，用户可根据需要自定义图像的生成数量（最多生成 5 张），使生成的效果更加符合自己的需求，效果如图 7.37 所示。

图 7.37　图像效果

下面介绍设置生成的图像数量的操作方法。

步骤 01 新建一个"宽度"为 1000、"高度"为 1000、"分辨率"为 300 像素 / 英寸、"背景内容"为"透明"的空白图像，按 Ctrl + A 组合键全选图像，在"工具"选项卡中单击"图像生成"按钮，在"提示词"的"正向"选项卡中，输入相应的提示词内容，如图 7.38 所示。

步骤 02 在"设置"选项区中，设置"图像"为 3，如图 7.39 所示，表示生成 3 幅图像。

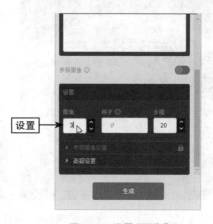

图 7.38　输入提示词内容　　　　　　　　图 7.39　设置"图像"为 3

步骤 03 单击"生成"按钮，即可生成 3 幅 AI 图像，单击面板下方的向右箭头➡️，可以查看生成的图像效果，如图 7.40 所示。单击"导入到图层"按钮，可导入 AI 图像。

图 7.40 查看生成的图像效果

7.2.2 练习实例：编写有效的提示词

扫码
看视频

有些用户使用 Alpaca 时，其实并没有清楚地描述出自己想要生成的 AI 图像的场景，Alpaca 没有收到具体的需求，当然也没有办法生成令人满意的作品。因此，编写有效的提示词显得非常重要。同样都是使用 Alpaca 生成 AI 图像，无效提示词和有效提示词所获得的 AI 图像质量可以说是天壤之别，图像对比效果如图 7.41 所示。

图 7.41 图像对比效果

下面介绍在 Alpaca 中获得高质量图像的提示词结构：类型（插图、3D 渲染、油画等）＋主题（山脉、外星飞船、城堡等）＋风格（像素艺术、未来派、科幻等）＋视角（鸟瞰图、侧面轮廓、外观等）＋修饰（华丽的装饰、白色的房屋、金色的灯光等）＋质量（8K、高清、高对比度等），这个提示词结构可以解决大部分的生图问题。

下面以"科幻太空飞船"为例，介绍编写有效的提示词的操作方法。

步骤 01 下面是一个无效的提示词案例。在 Alpaca 中输入提示词内容 a 3D render of an alien spaceship（外星人飞船的 3D 渲染图），单击"生成"按钮，生成如图 7.42 所示的 AI 图像，画面色彩平淡，场景一般，并没有很出彩。

步骤 02 下面分析有效的提示词案例。在 Alpaca 中输入提示词内容 a 3D render of an alien spaceship, futuristic, sci-fi, exterior view, sleek design, 8K, HD, majestic, awe-inspiring（外星人飞船的 3D 渲染图，未来主义，科幻，外观，时尚设计，8K，高清，雄伟，令人敬畏），单击"生成"按钮，生成如图 7.43 所示的 AI 图像，画面效果更具真实感，更有吸引力。

图 7.42　无效的提示词案例

图 7.43　有效的提示词案例

▶ 专家提示

上面这个有效的提示词案例就是采用了"类型（3D 渲染图）＋主题（外星人飞船）＋风格（未来主义，科幻）＋视角（外观）＋修饰（时尚设计）＋质量（8K，高清，雄伟）"的提示词结构，基本上能够帮助用户解决 AI 以文生图时出现的大部分问题。

7.2.3　练习实例：向现有图像添加新元素

扫码看视频

在画面中的适当位置添加一只可爱的小动物，比如小狗、小猫或者小兔子等，可以让照片更具吸引力，容易引起观众的共鸣。原图与效果图对比如图 7.44 所示。

图 7.44　原图与效果图对比

下面介绍向现有图像添加新元素的操作方法。

步骤 01 打开一幅素材图像，选择工具箱中的矩形选框工具，在图像中的适当位置创建一个矩形选区，如图 7.45 所示。

步骤 02 在"工具"选项卡中单击"AI 填充"按钮，在"提示词"的"正向"选项卡中输入相应的提示词内容，如图 7.46 所示。

图 7.45　创建一个矩形选区

图 7.46　输入相应的提示词内容

▶ 专家提示

　　Alpaca 主要是使用文本指令和提示词来完成 AI 绘画操作的，应尽量输入英文关键词，对于英文单词的首字母大小写没有要求。

步骤 03 单击"生成"按钮，即可生成 4 幅小狗的图像效果，单击面板下方的向右箭头，可以查看生成的其他小狗图像，如图 7.47 所示。

图7.47　查看生成的其他小狗图像

步骤 04 将鼠标指针移至相应图像上，单击"导入到图层"按钮，即可将选择的图像导入 Photoshop 图像编辑窗口中，在"图层"面板中将生成相应的图层。

扫码 看视频

7.3　综合实例：以图生图制作古镇街道效果

在 Alpaca 插件中，通过上传参考图像，可以在重新生成的新图像中保留参考图像中的构图，使画面视角和元素保持一致。原图与效果图对比如图7.48所示。

图7.48　原图与效果图对比

下面介绍在新图像中保留参考图像的构图的操作方法。

步骤 01 打开一幅素材图像，按 Ctrl + A 组合键全选图像，如图 7.49 所示。

步骤 02 在"工具"选项卡中单击"图像生成"按钮，在"提示词"的"正向"选项卡中输入相应的提示词内容，如图 7.50 所示。

图7.49 全选图像

图7.50 输入提示词

步骤 03 单击"参照图像"右侧的按钮，启动"参照图像"功能，然后在下方的下拉列表框中选择"深度图"选项，如图 7.51 所示。

步骤 04 单击"生成"按钮，即可生成与原图类似的图像效果，如图 7.52 所示。单击"导入到图层"按钮，将选择的图像导入 Photoshop 图像编辑窗口中。

图7.51 选择"深度图"选项

图7.52 生成类似的图像效果

本 章 小 结

本章主要介绍了 Alpaca 艺术创作的相关操作技巧，包括使用文本提示创建图像、给素描草图上色、一键转换图像的风格、AI 填充图像背景区域、以高分辨率渲染并放大图像、一键生成准确的图像深度图、设置生成的图像数量以及编写有效的提示词和向现有图像添加新元素这几部分内容。通过对本章的学习，读者能够更好地掌握使用 Alpaca 进行 AI 绘图的操作方法。

课 后 习 题

1. 使用 Alpaca 插件生成一幅动物图像，效果如图 7.53 所示。

图 7.53　效果图

扫码
看视频

2. 使用 Alpaca 插件扩展图像区域，素材和效果图对比如图 7.54 所示。

图 7.54　素材和效果图对比

扫码
看视频

AI 绘画插件——Stable Diffusion

第 8 章

Stable Diffusion 全面开源，实现了与 Photoshop 的全面互通，不仅推动了 AI 技术在图像创作领域的发展，而且为广大创作者提供了一个全新、高效的创作工具。将 Stable Diffusion 作为插件安装到 Photoshop 中，可以更方便地将 AI 生成的图像与原有的图像进行合成、编辑，从而创造出更具创意和艺术性的作品。

🔊 本章重点

- 安装和使用 Stable Diffusion 插件
- Stable Diffusion 插件的 AI 出图技巧
- 综合实例：生成写实风格的人物摄影照片

8.1 安装和使用 Stable Diffusion 插件

Stable Diffusion 不仅仅是一个独立的图像生成工具，而且还可以与 Photoshop 等现有的图像编辑工具完美结合，为用户提供全新的创作体验。通过在 Photoshop 中安装和使用 Stable Diffusion 插件，能够极大地提高图像创作的效率和灵活性，使用户能够更加自由地发挥创意和想象力。

8.1.1 练习实例：安装 Stable Diffusion 插件

扫码
看视频

在数字艺术和创意产业中，Photoshop 一直是不可或缺的工具之一。随着 AI 技术的不断进步，人们希望能够更加便捷地将 AI 技术融入创作过程。Stable Diffusion 插件的出现，正好满足了广大用户的这一需求。

Stable Diffusion 插件将深度学习技术与 Photoshop 进行结合，为用户带来了焕然一新的图像生成和编辑方式。通过安装 Stable Diffusion 插件，用户可以在 Photoshop 中直接调用 AI 绘画模型，快速生成高质量的图像。

下面介绍安装 Stable Diffusion 插件的操作方法。

步骤 01 将下载的 Stable Diffusion 插件安装包复制到 Photoshop 安装目录下的 \Plug-ins（插件）文件夹中，选择安装包并右击，在弹出的快捷菜单中选择"解压到当前文件夹"命令，如图 8.1 所示。

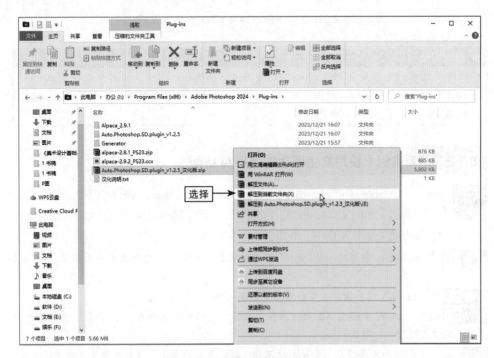

图 8.1 选择"解压到当前文件夹"命令

▶ **专家提示**

    Photoshop 安装目录下的 \Plug-ins 文件夹是用于存放插件的默认位置。这些插件可以扩展 Photoshop 的功能，提供额外的工具、滤镜、效果等。

步骤 **02** 重启 Photoshop，插件会自动加载并安装，单击"增效工具"菜单，即可在菜单中看到 Stable Diffusion 插件，单击相应的子菜单命令，即可打开 Auto-Photoshop-SD_rabbitlj 面板（后面简称为 Auto-Photoshop-SD 面板），如图 8.2 所示，表示插件安装成功。

图 8.2 打开 Auto-Photoshop-SD_rabbitlj 面板

▶ **专家提示**

    需要注意的是，要在 Photoshop 中运行 Stable Diffusion 插件，需要先在计算机中安装和运行 Stable Diffusion，具体的操作方法可以查看新镜界编写的《画你所想：Stable Diffusion 绘画实战教程》一书。

8.1.2　练习实例：使用文生图功能进行 AI 绘画

扫码
看视频

    Stable Diffusion 插件中的文生图（text to image）功能非常强大，用户只需通过简单的文本描述即可生成精美、生动的图像效果，如图 8.3 所示。

    下面介绍使用文生图功能进行 AI 绘画的操作方法。

步骤 **01** 在 Photoshop 中新建一幅"宽度"为 512 像素、"高度"为 512 像素的空白图像，如图 8.4 所示。

步骤 **02** 按 Ctrl + A 组合键，在空白图像上创建一个选区，如图 8.5 所示。

步骤 **03** 打开 Auto-Photoshop-SD 面板，在"主页"选项卡的主模型下拉列表框中选择一个写实风格的大模型，如图 8.6 所示。

步骤 **04** 输入相应的正向提示词和反向提示词，描述画面的主体内容并排除某些特定的内容，如图 8.7 所示。

图8.3 效果图展示

图8.4 新建一幅空白图像

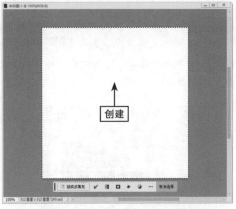

图8.5 在空白图像上创建一个选区

图8.6 选择一个写实风格的大模型

图8.7 输入相应的提示词

步骤 05 在反向提示词输入框下方选中"文生图"单选按钮,单击"生成 文生图"按钮,如图 8.8 所示。

步骤 06 执行操作后,即可在选区内生成一张人物图片,效果如图 8.9 所示。

图8.8 单击"生成 文生图"按钮　　　　图8.9 生成一张人物图片效果

步骤 07 如果用户对生成的图片效果不满意,还可以继续单击 Auto-Photoshop-SD 面板中的 "Generate More(生成更多)文生图"按钮,如图 8.10 所示。

步骤 08 执行操作后,即可生成一幅新的图像,所有 AI 生成的图像会自动保存在"图层"面板中,如图 8.11 所示。

图8.10 单击"Generate More 文生图"按钮　　　图8.11 图像会自动保存在"图层"面板中

8.1.3 练习实例：使用图生图功能进行AI绘画

扫码
看视频　　　Stable Diffusion 插件的图生图(image to image)功能允许用户输入一张图片,然后通过添加文本描述的方式输出修改后的新图片。原图与效果图对比如图 8.12 所示。图生图功能突破了 AI 完全随机生成的局限性,为图像创作提供了更多的可能性,进一步增强了 Stable Diffusion 插件在数字艺术创作等领域的应用价值。

图 8.12　原图与效果图对比

下面介绍使用图生图功能进行 AI 绘画的操作方法。

步骤 01　打开一幅素材图像，按 Ctrl ＋ A 组合键，在图像上创建一个选区，如图 8.13 所示。

步骤 02　打开 Auto-Photoshop-SD 面板，选中"图生图"单选按钮，在主模型下拉列表框中选择一个二次元风格的大模型，如图 8.14 所示。

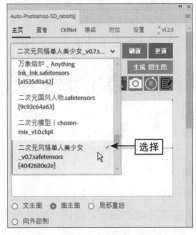

图 8.13　在图像上创建一个选区　　　图 8.14　选择一个二次元风格的大模型

步骤 03 输入相应的提示词，描述画面的主体内容并排除某些特定的内容，避免生成低画质的图像，如图 8.15 所示。

步骤 04 在 Auto-Photoshop-SD 面板下方拖曳相应的滑块，设置"重绘幅度 Denoising Strength（去噪强度）"为 0.5，使生成的新图尽量接近原图的特征，如图 8.16 所示。

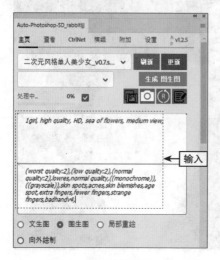

图 8.15 输入相应的提示词

图 8.16 设置"重绘幅度 Denoising Strength"参数

步骤 05 单击"生成 图生图"按钮，即可根据参考图生成相应的二次元图像，效果如图 8.12（右图）所示。

【技巧提示】"重绘幅度"参数的设置技巧。

当"重绘幅度"的参数值低于 0.5 时，新图比较接近原图；当"重绘幅度"的参数值超过 0.7 时，AI 的自由创作力度就会变大。因此，用户可以根据需要调整"重绘幅度"的参数值，以达到想要的特定效果。

通过调整"重绘幅度"的参数值，可以完成各种不同的图像处理和生成任务，包括图像增强、色彩校正、图像修复等。例如，在改变图像的色调或进行其他形式的颜色调整时，可能会需要较小的"重绘幅度"参数值；而在大幅度改变图像内容或进行风格转换时，则可能会需要更大的"重绘幅度"参数值。

8.1.4 练习实例：使用局部重绘功能修改图像细节

扫码
看视频

局部重绘（inpaint）是 Stable Diffusion 插件中的一个重要功能，它能够重新绘制图像的局部区域，从而做出各种有创意的图像效果。局部重绘功能可以让用户更加灵活地控制图像的变化，只针对特定的区域进行修改和变换，而保持其他部分不变。

局部重绘功能可以应用到许多场景，使用户可以对图像的某个区域进行局部增强或改变，以实现更加细致和精确的图像编辑。例如，用户可以只修改图像中人物帽子的颜色，而保持人物的脸部和姿势不变。原图与效果图对比如图 8.17 所示。

下面介绍使用局部重绘功能修改图像细节的操作方法。

图 8.17　原图与效果图对比

步骤 01　打开一幅素材图像，该素材图像的"图层"面板中不仅包括原图，还包括需要重绘的黑白蒙版，按住 Ctrl 键的同时单击图层蒙版的缩览图，如图 8.18 所示。

步骤 02　执行操作后，即可将蒙版转换为选区，如图 8.19 所示，这里的帽子选区就是接下来需要重绘的区域。

图 8.18　单击图层蒙版缩览图　　　　　图 8.19　将蒙版转换为选区

步骤 03　打开 Auto-Photoshop-SD 面板，在主模型下拉列表框中选择一个写实风格的大模型，选中"局部重绘"单选按钮，如图 8.20 所示。

步骤 04　输入相应的提示词，描述需要绘制的图像内容，单击"生成局部重绘"按钮，如图 8.21 所示，即可在蒙版区域绘制相应的帽子图像。

图8.20　选中"局部重绘"单选按钮

图8.21　单击"生成 局部重绘"按钮

【技巧提示】"蒙版模糊"参数的设置技巧。

选中"局部重绘"单选按钮后，在下方调整"蒙版模糊"参数，如图8.22所示，可以控制蒙版边缘的模糊程度，作用与 Photoshop 中的羽化功能类似。较小的"蒙版模糊"参数值会使蒙版边缘更加清晰，从而更好地保留重绘部分的细节和边缘；较大的"蒙版模糊"参数值则会使边缘变得更加模糊，从而使重绘部分更好地融入图像整体，达到更加平滑、自然的重绘效果。

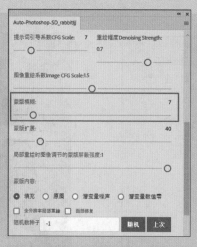

图8.22　"蒙版模糊"参数

▶ 专家提示

在一些应用场景中，如人脸交换或面部修改，需要更加精细地控制重绘部分的边缘，以实现更自然、逼真的绘画效果。在这种情况下，合适的"蒙版模糊"参数值可以帮助用户更好地实现这一目标。通过调整"蒙版模糊"参数值，可以调整蒙版边缘的软硬程度，避免图像中出现过于突兀的变化。

8.1.5　练习实例：使用向外绘制功能扩展图片场景

　　Stable Diffusion 插件中的向外绘制（outpaint）是一种扩图功能，可以在原始图像的基础上，向外扩展并生成更多的细节和内容。原图与效果图对比如图 8.23 所示。

图 8.23　原图与效果图对比

步骤 01　打开一幅素材图像，解锁"背景"图层，运用裁剪工具 ⌂ 适当增加图像的画布大小，如图 8.24 所示。

步骤 02　按 Enter 键确认裁剪操作，按 Ctrl ＋ A 组合键全选图像，如图 8.25 所示。

增加

图 8.24　增加画布大小

全选

图 8.25　全选图像

▶ 专家提示

　　在"背景"图层上双击，弹出"新建图层"对话框，直接确认后就可以发现"背景"图层名称变为"图层 0"，即可将"背景"图层解锁。

步骤 03　打开 Auto-Photoshop-SD 面板，在主模型下拉列表框中选择一个写实风格的模型，选中"向外绘制"单选按钮，可以实现扩图功能，如图 8.26 所示。

步骤 04 输入相应的提示词,描述需要绘制的图像内容,单击"生成 向外绘制"按钮,如图 8.27 所示,即可在下方扩展的空白画布中绘制出相应的图像效果。

图8.26 选中"向外绘制"单选按钮

图8.27 单击"生成 向外绘制"按钮

8.2 Stable Diffusion 插件的 AI 出图技巧

Stable Diffusion 作为 Photoshop 中一款强大的 AI 绘画插件,可以通过文本描述生成各种图像,但是其参数设置比较复杂,对新手来说不容易理解。本节将深入介绍 Stable Diffusion 插件的 AI 出图技巧,带领读者快速看懂 Stable Diffusion 插件中的各项关键参数的作用,并掌握相关的设置方法。

8.2.1 练习实例:设置出图数量一次生成多张图片

扫码
看视频

在 Stable Diffusion 插件中,用户可以设置"总批次数"和"单批数量"两个参数来控制 AI 的出图数量。简单来说,"总批次数"就是显卡在绘制多张图片时是按照一张接着一张的顺序绘制;"单批数量"就是显卡同时绘制多张图片,绘画效果通常比较差。

▶ 专家提示

如果用户的计算机显卡配置比较高,可以使用"单批数量"的方式出图,速度会更快,同时也能保证一定的画面效果;否则,就加大"总批次数"参数值,每一批只生成一张图片,这样在硬件资源有限的情况下,可以让 AI 尽量绘制好每张图。

例如,在 Stable Diffusion 插件中使用相同的提示词和生成参数,可以一次生成两张不同的图片,效果如图 8.28 所示。

图8.28　效果展示

　　下面介绍设置出图数量一次生成多张图片的操作方法。

步骤 01 新建一幅"宽度"和"高度"均为 512 像素的空白图像，并在空白图像上创建一个选区作为图像的生成区域，如图 8.29 所示。

步骤 02 打开 Auto-Photoshop-SD 面板，在"主页"选项卡的主模型下拉列表框中选择一个写实风格的大模型，输入相应的正向提示词和反向提示词，描述画面的主体内容并排除某些特定的内容，如图 8.30 所示。

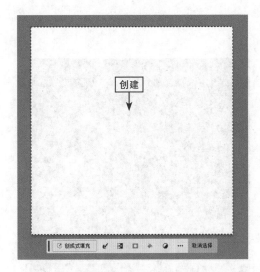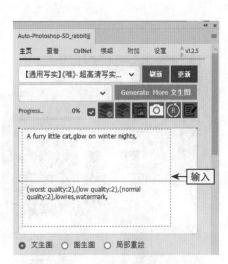

图8.29　创建一个选区　　　　　　　图8.30　输入相应的提示词

步骤 03 在 Auto-Photoshop-SD 面板下方设置"总批次数"为 2、"单批数量"为 1，可以理解为一个批次里一次生成 1 张图片，共生成 2 个批次，如图 8.31 所示。

步骤 04 单击"生成 文生图"按钮，即可同时生成 2 张图片，并自动保存到"图层"面板中，如图 8.32 所示。

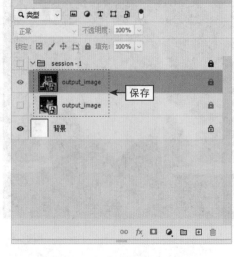

图 8.31　设置相应参数　　　　　　　图 8.32　保存到"图层"面板中

8.2.2　练习实例：设置迭代步数控制图像的精细程度

扫码
看视频

迭代步数（steps）是指输出画面需要的步数，其作用可以理解为"控制生成图像的精细程度"，迭代步数越高生成的图像细节越丰富和精细，效果对比如图8.33所示。不过，增加迭代步数的同时也会增加每幅图像的生成时间，减少迭代步数则可以加快生成速度。

图 8.33　效果对比

下面介绍设置迭代步数控制图像的精细程度的操作方法。

步骤 01 新建一幅"宽度"为 512 像素、"高度"为 680 像素的空白图像，并在空白图像上创建一个选区作为图像的生成区域，如图 8.34 所示。

步骤 02 打开 Auto-Photoshop-SD 面板，在"主页"选项卡的主模型下拉列表框中选择一个写实风格的大模型，输入相应的正向提示词和反向提示词，描述画面的主体内容并排除某些特定的内容，如图 8.35 所示。

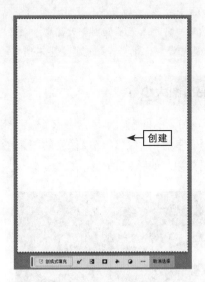

图8.34 创建一个选区   图8.35 输入相应的提示词

步骤 03 在 Auto-Photoshop-SD 面板下方设置"迭代步数"为 5，如图 8.36 所示，单击"生成文生图"按钮，可以看到生成的图像效果非常模糊，如图 8.33 左图所示。

步骤 04 将"迭代步数"设置为 30，其他参数保持不变，如图 8.37 所示，单击"Generate More 文生图"按钮，可以看到生成的图像效果非常清晰，如图 8.33 右图所示。

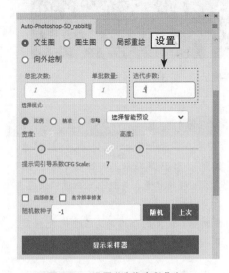

图8.36 设置"迭代步数"为5   图8.37 设置"迭代步数"为30

【技巧提示】迭代步数的设置技巧。

Stable Diffusion 插件的迭代步数采用的是分步渲染的方法。分步渲染是指在生成同一张图片时，分多个阶段使用不同的文字提示词进行渲染。在整张图片基本成形后，再通过添加描述进行细节的渲染和优化。这种分步渲染需要掌握照明、场景等方面的一些美术技能，才能生成逼真的图像效果。

Stable Diffusion 插件的每一次迭代都是在上一次生成的基础上进行渲染。一般来说，迭代步数保持在 18 ～ 30 范围内，即可生成较好的图像效果。如果迭代步数设置得过低，可能会导致图像生成不完整，关键细节无法呈现。而过高的迭代步数则会大幅增加生成时间，但对提升图像效果的边际效益较小，仅对细节进行轻微优化，因此可能会得不偿失。

8.2.3 练习实例：设置图像的分辨率改变出图大小

扫码看视频

分辨率即图片尺寸，是指图片宽和高的像素数量，它决定了数字图像的细节再现能力和质量。例如，分辨率为912像素×512像素的图像在细节表现方面具有较高的质量，可以提供更好的视觉效果，如图8.38所示。

图8.38 效果展示

▶ 专家提示

通常情况下，8GB 显存的显卡，图片尺寸的分辨率应尽量设置为 512 像素×512 像素，太小的画面无法描绘好，太大的画面则容易"爆显存"。8GB 显存以上的显卡可以适当调高分辨率。"爆显存"是指计算机的画面数据量超过了显存的容量，导致画面出现错误或者计算机的帧数骤降，甚至出现系统崩溃等情况。

图片尺寸需要和提示词所生成的画面效果相匹配，如设置的分辨率为 512 像素×512 像素时，人物大概率会出现大头照。用户也可以固定一个图片尺寸的值，并将另一个值调高，但固定值要尽量保持在 512 ～ 768 像素。

下面介绍设置图像的分辨率改变出图大小的操作方法。

步骤 01 新建一幅"宽度"为 912 像素、"高度"为 512 像素的空白图像，并在空白图像上创建一个选区作为图像的生成区域，如图 8.39 所示。

步骤 02 打开 Auto-Photoshop-SD 面板，在"主页"选项卡的主模型下拉列表框中选择一个写实风格的大模型，输入相应的正向提示词和反向提示词，描述画面的主体内容并排除某些特定的内容，如图 8.40 所示。

图 8.39 创建一个选区 　　　　　　　　　图 8.40 输入提示词

步骤 03 在 Auto-Photoshop-SD 面板下方设置"宽度"为 912、"高度"为 512，表示生成分辨率为 912 像素 ×512 像素的宽图，如图 8.41 所示（注意，由于灰色 Photoshop 界面中的参数值看不清，因此这里特意将界面颜色调深了一些）。

步骤 04 单击"生成 文生图"按钮，如图 8.42 所示，即可生成相应尺寸的宽图效果。

图 8.41 设置相应参数 　　　　　　　　　图 8.42 单击"生成 文生图"按钮

8.2.4　练习实例：使用面部修复功能改善人脸效果

扫码
看视频　　　　　使用 Stable Diffusion 插件中的面部修复功能，可以在 AI 绘图时防止发生"脸崩"的情况，效果对比如图 8.43 所示。

图 8.43　效果对比

下面介绍使用面部修复功能改善人脸效果的操作方法。

步骤 01　新建一幅"宽度"和"高度"均为 768 像素的空白图像，并在空白图像上创建一个选区作为图像的生成区域，如图 8.44 所示。

步骤 02　打开 Auto-Photoshop-SD 面板，在"主页"选项卡的主模型下拉列表框中选择一个二次元风格的大模型，输入相应的正向提示词和反向提示词，描述画面的主体内容并排除某些特定的内容，如图 8.45 所示。

图 8.44　创建一个选区　　　　　　　　　　图 8.45　输入相应的提示词

步骤 03 在 Auto-Photoshop-SD 面板下方设置"宽度"和"高度"均为 768 像素,如图 8.46 所示,单击"生成 文生图"按钮,生成的图像中的人脸效果比较模糊,如图 8.43 左图所示。

步骤 04 选中"面部修复"复选框,其他参数保持不变,如图 8.47 所示,单击"Generate More 文生图"按钮,生成的图像中的人脸效果非常清晰,如图 8.43 右图所示。

图 8.46 设置相应参数　　图 8.47 选中"面部修复"复选框

8.2.5 练习实例：使用高分辨率修复功能放大图像

扫码
看视频

高分辨率修复功能是指先以较小的分辨率生成初步图像,然后放大图像,再在不更改构图的情况下改进其中的细节,效果展示如图 8.48 所示。

图 8.48 效果展示

下面介绍使用高分辨率修复功能放大图像的操作方法。

步骤 01 新建一幅"宽度"为 768 像素、"高度"为 512 像素的空白图像，并在空白图像上创建一个选区作为图像的生成区域，如图 8.49 所示。

步骤 02 打开 Auto-Photoshop-SD 面板，在"主页"选项卡的主模型下拉列表框中选择一个写实风格的大模型，输入相应的正向提示词和反向提示词，描述画面的主体内容并排除某些特定的内容，如图 8.50 所示。

图 8.49 创建一个选区

图 8.50 输入相应的提示词

步骤 03 在 Auto-Photoshop-SD 面板下方设置"宽度"为 768 像素、"高度"为 512 像素，表示生成分辨率为 768 像素 ×512 像素的宽图，如图 8.51 所示。

步骤 04 选中"高分辨率修复"复选框，展开该选项区，在其中设置"放大算法"为 Latent（一种基于潜空间的放大算法，能够增强图像的质量），如图 8.52 所示，"放大倍数"参数默认为 2，单击"生成文生图"按钮，即可生成所设置尺寸 2 倍的图像效果。

图 8.51 设置相应参数

图 8.52 设置"放大算法"参数

【知识拓展】"高分辨率修复"选项区中的主要选项功能。

（1）放大倍数：图像被放大的比例。注意，Stable Diffusion 插件不会直接改变图像尺寸，它只是增加了图像的清晰度，用户需要通过手动调整图像大小来放大图像，具体方法为单击"图像" |"图像大小"命令，将"宽度"和"高度"参数设置为原图的 2 倍即可。

（2）高分迭代步数：在提高图像分辨率时，算法需要迭代的次数。如果将其设置为 0，则将使用与迭代步数相同的值。通常情况下，建议将高分迭代步数设置为 0 或尽量小于迭代步数的值。

（3）高分重绘幅度：在进行图像生成时，需要添加的噪声程度。该值为 0 表示完全不加噪声，即不进行任何重绘操作；该值为 1 则表示整个图像将被随机噪声完全覆盖，生成与原图完全不相关的图像。通常将该参数设置为 0.5 时，会对图像的颜色和光影产生显著影响；而将该参数设置为 0.75 时，甚至会改变图像的结构和人物姿态。

扫码
看视频

8.3　综合实例：生成写实风格的人物摄影照片

在生成写实风格的人物摄影照片时，用户需要选择合适的采样器(sampler)。采样可以简单理解为执行去噪的方式，Stable Diffusion 插件中的 30 种采样器就相当于 30 位画家，每种采样器对图片的去噪方式都不一样，生成的图像风格也就不同，效果对比如图 8.53 所示。

图 8.53　效果对比

下面介绍生成写实风格的人物摄影照片的操作方法。

步骤 01　新建一幅"宽度"和"高度"均为 512 像素的空白图像，并在空白图像上创建一个选区作为图像的生成区域，如图 8.54 所示。

步骤 02　打开 Auto-Photoshop-SD 面板，在"主页"选项卡的主模型下拉列表框中选择一个写实风格的大模型，输入相应的正向提示词和反向提示词，描述画面的主体内容并排除某些特定的内容，如图 8.55 所示。

图 8.54　创建一个选区

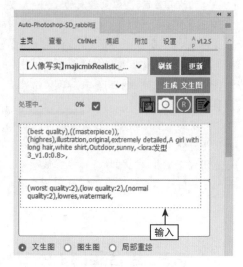

图 8.55　输入相应的提示词

步骤 03 在 Auto-Photoshop-SD 面板下方单击"显示采样器"按钮，如图 8.56 所示。注意，采样器默认为折叠状态。

步骤 04 展开"采样器"选项区，在其中选中 DDIM 单选按钮，如图 8.57 所示，单击"生成文生图"按钮，生成的图像效果有些模糊，如图 8.53 左图所示。DDIM 旨在通过引入噪声来增加图像的真实感和细节，优点在于生成速度较快。

图 8.56　单击"显示采样器"按钮

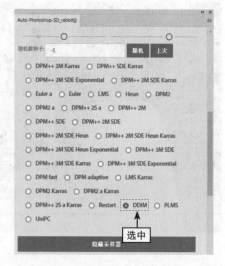

图 8.57　选中 DDIM 单选按钮

步骤 05 在"采样器"选项区中选中 DPM++ 2M Karras 单选按钮，该采样器会获得更加真实、自然的采样结果，单击"Generate More 文生图"按钮，可以看到生成的图像非常清晰，出图效果比 DDIM 采样器更好，效果如图 8.53 右图所示。

本章小结

本章主要介绍了 Photoshop 中的 Stable Diffusion 插件的使用技巧，首先介绍了如何安装和使用该插件，包括文生图、图生图、局部重绘和向外绘制等功能；其次探讨了 Stable Diffusion 插件的 AI 出图技巧，包括设置出图数量、迭代步数、分辨率、面部修复、高分辨率修复等；最后通过一个综合实例，展示了如何使用该插件生成写实风格的人物摄影照片。通过对本章的学习，读者能够更好地掌握 Stable Diffusion 插件的操作方法。

课后习题

1. 使用 Stable Diffusion 插件绘制一张跑车广告图片，效果如图 8.58 所示。

扫码
看视频

图 8.58　跑车广告图片效果

2. 使用 Stable Diffusion 插件将真人照片转换为动漫人物，原图与效果图对比如图 8.59 所示。

图 8.59　原图与效果图对比

扫码
看视频

Photoshop AI实战应用综合实例

第 9 章

通过前 8 章的学习，相信读者已经熟练掌握了 Photoshop AI 的基本使用技巧与修图功能。本章将通过 6 个图像处理与平面广告案例，详细介绍 Photoshop 软件的 AI 功能在设计中的应用与操作方法。读者通过本章的学习，可以举一反三，处理并设计出更多专业的图像或平面广告效果。

📢 本章重点

- 综合实例：花季女孩
- 综合实例：草原风光
- 综合实例：单色效果
- 综合实例：珠宝广告
- 综合实例：汽车风光
- 综合实例：手提袋包装

9.1 综合实例：花季女孩

扫码
看视频

在人像照片中，往往有各种各样的瑕疵需要处理，Photoshop 在人物图像处理方面有着强大的修复功能，利用这些功能可以消除瑕疵。同时，还可以对照片中的人物进行美容与修饰，使人物以近乎完美的姿态展现。本实例的最终效果如图 9.1 所示。

图9.1　最终效果

9.1.1 调整人物照片的色彩风格

如果对人物照片的色彩风格不满意，可以使用"调整"面板中的多种预设模式调整照片的色彩，具体操作步骤如下。

步骤 01 打开一幅素材图像，如图 9.2 所示。

步骤 02 在"图层"面板中，按 Ctrl + J 组合键复制一个图层，得到"图层 1"图层，如图 9.3 所示。

步骤 03 单击"窗口"|"调整"命令，展开"调整"面板，单击"调整预设"选项前面的箭头图标 ，展开"调整预设"选项区，在下方单击"更多"按钮，展开"人像"选项区，选择"阳光"选项，如图 9.4 所示。

步骤 04 执行操作后，即可将人物照片调为"阳光"风格的暖色调，如图 9.5 所示。

步骤 05 展开"电影的"选项区，选择"忧郁蓝"选项，即可将人物照片调为"忧郁蓝"风格的色调效果，如图 9.6 所示。

图9.2　打开一幅素材图像

图9.3　得到"图层1"图层

图9.4　选择"阳光"选项

图9.5　调为"阳光"风格的暖色调

步骤 06 选择"照片滤镜 1"调整图层，在"属性"面板中设置"密度"为 31%；选择"亮度/对比度 1"调整图层，在"属性"面板中设置"亮度"为 –15、"对比度"为 20，调整图像的"忧郁蓝"色调，效果如图 9.7 所示。

图9.6　调为"忧郁蓝"风格的色调

图9.7　调整图像的"忧郁蓝"色调

步骤 07 按 Ctrl ＋ Shift ＋ Alt ＋ E 组合键，盖印图层，得到"图层 2"图层，单击"滤镜"|"Camera Raw 滤镜"命令，打开 Camera Raw 窗口，在右侧展开"基本"选项区，在其中设置"对比度"

为 +20、"高光"为 –23、"阴影"为 –19、"清晰度"为 +10、"去除薄雾"为 +9、"自然饱和度"
为 +18，调整人像照片的色调，使人像面容更加清晰，效果如图 9.8 所示。

图 9.8　调整人像照片的色调

9.1.2　对人物进行一键磨皮与换妆处理

对人物照片进行磨皮与换妆处理是一种常见的美容修饰技术，主要是为了改善人物
肌肤的外观，使女性的妆容看起来更美，具体操作步骤如下。

步骤 01 盖印一个图层，单击"滤镜"| Neural Filters 命令，展开 Neural Filters 面板，在左侧的"所
有筛选器"列表框中，开启"皮肤平滑度"功能，在面板的右侧设置"模糊"为 77、"平滑度"
为 +20，如图 9.9 所示，消除脸部的瑕疵，让皮肤变得更加光滑。

步骤 02 开启"妆容迁移"功能，在右侧的"参考图像"选项区中的"选择图像"下拉列表
框中选择"从计算机中选择图像"选项，如图 9.10 所示。

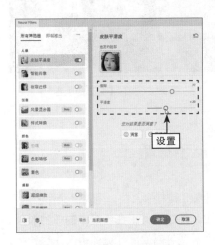

图 9.9　开启"皮肤平滑度"功能　　　　图 9.10　选择相应的选项

步骤 03 在弹出的"打开"对话框中选择相应的素材图像，如图9.11所示。

步骤 04 单击"使用此图像"按钮，即可上传参考图像，并将参考图像中的人物妆容效果应用到原素材图像中，单击"确定"按钮，如图9.12所示。

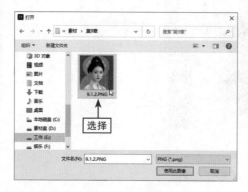

图9.11 选择相应的素材图像

图9.12 单击"确定"按钮

步骤 05 执行操作后，即可改变人物的妆容，效果如图9.13所示。

步骤 06 为"图层3"图层添加一个白色蒙版，选择画笔工具，设置前景色为黑色，在人物的眼睛区域进行涂抹，擦除不需要的妆容，如图9.14所示。至此，完成本实例的操作，最终效果如图9.1所示。

图9.13 改变人物的妆容

图9.14 擦除不需要的妆容

扫码
看视频

9.2 综合实例：单色效果

沙漠照片中的黑白效果剥离了真实色彩，使图像更具有抽象性，呈现出一种艺术感。黑白单色效果和鲜艳的红衣女子形成了强烈的对比，使红衣女子在沙漠中的孤独形象更为突出，可以让人产生强烈的情感共鸣，这种色彩搭配可以使照片更加引人注目和令人难以忘怀。本实例的最终效果如图9.15所示。

图9.15 最终效果

9.2.1 对沙漠人物进行抠图处理

本实例需要改变沙漠的色彩，但是人物的色彩不做调整。因此，在处理沙漠照片之前，首先需要将红衣服的人物抠出来，具体操作步骤如下。

步骤 01 打开一幅素材图像，如图9.16所示。

步骤 02 在工具箱中选择对象选择工具，将鼠标指针移至图像编辑窗口中的人物位置，按住鼠标左键并拖曳，即可为人物图像创建选区，如图9.17所示。在"图层"面板中，按Ctrl＋J组合键复制选区内的图像，得到"图层1"图层。

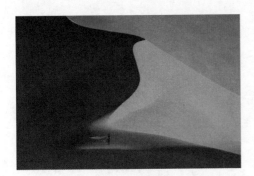

图9.16 素材图像

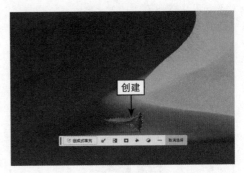

创建

图9.17 为人物图像创建选区

9.2.2 使用色彩转移调出黑白影调

使用Neural Filters滤镜中的"色彩转移"功能，可以将另一张照片中的黑白影调风格转移到当前图像中，具体操作方法如下。

步骤 01 选择"背景"图层,按 Ctrl + Shift + Alt + E 组合键盖印图层,得到"图层 2"图层,单击"滤镜" | Neural Filters 命令,展开 Neural Filters 面板,在左侧的"所有筛选器"列表框中开启"色彩转移"功能,如图 9.18 所示。

步骤 02 在右侧切换至"自定义"选项卡,在"选择图像"下拉列表框中选择"从计算机中选择图像"选项,如图 9.19 所示。

图9.18 开启"色彩转移"功能

图9.19 选择相应选项

步骤 03 在弹出的"打开"对话框中选择相应的素材图像,如图 9.20 所示。

步骤 04 单击"使用此图像"按钮,即可上传参考图像,并将参考图像中的色调风格应用到原素材图像中,单击"确定"按钮,如图 9.21 所示,即可实现图片色彩的转移。本实例最终效果如图 9.15 所示。

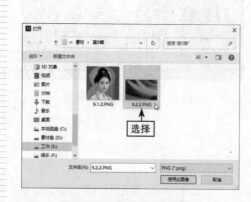

图9.20 选择相应的素材图像

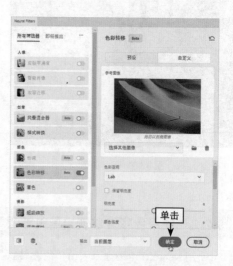

图9.21 单击"确定"按钮

9.3 综合实例：汽车风光

本实例主要介绍处理汽车风光图片的操作方法，主要包括去除照片中多余的元素、加亮汽车主体局部色彩、替换汽车风光中的天空样式等内容。本实例的最终效果如图9.22所示。

图9.22 最终效果

9.3.1 去除照片中多余的元素

在汽车风光照片中，如果画面中有干扰视线的元素，可以使用Photoshop中的移除工具 🩹，一键智能去除画面中的多余元素，使汽车风光照片更加吸引眼球，具体操作方法如下。

步骤 01 打开一幅素材图像，如图 9.23 所示。

步骤 02 选择移除工具 🩹，在工具属性栏中设置"大小"为 45，如图 9.24 所示。

图9.23 素材图像

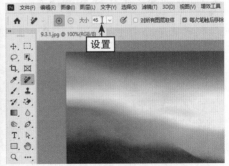

图9.24 设置"大小"为45

步骤 03 移动鼠标指针至画面中的石头处，按住鼠标左键并拖曳，对图像进行涂抹，鼠标涂抹过的区域显示淡红色，如图 9.25 所示。

步骤 04 释放鼠标左键，即可去除石头元素，效果如图 9.26 所示。

图9.25 对图像进行涂抹

图9.26 去除石头元素

步骤 05 用同样的方法，去除画面中的其他多余元素，效果如图9.27所示。

图9.27 去除画面中的其他多余元素

9.3.2 加亮汽车主体局部色彩

在Photoshop中使用减淡工具 可以加亮图像的局部色彩，并通过提高图像局部区域的亮度来校正曝光。

【知识拓展】减淡工具属性栏介绍。

选择工具箱中的减淡工具 后，其工具属性栏中各主要选项的含义如下。

● 范围：用于设置不同色调的图像区域，此下拉列表框中包括"阴影""中间调""高光"3个选项。选择"阴影"选项，则对图像暗部区域的像素进行颜色减淡处理；选择"中间调"选项，则对图像中的中间调（色阶值接近128的图像像素）区域进行颜色减淡处理；选择"高光"选项，则对图像中亮部区域的像素进行颜色减淡处理。

● 曝光度：该数值设置得越高，减淡工具 的使用效果越明显。

● 保护色调：如果希望操作后图像的色调不发生变化，选中该复选框即可。

下面介绍运用减淡工具加亮汽车主体局部色彩的操作方法。

步骤 01 选择工具箱中的减淡工具 ，在工具属性栏中设置"大小"为 60 像素、"范围"为"中间调""曝光度"为 30%，如图 9.28 所示。

步骤 02 将鼠标指针移至图像中汽车的白色部分，按住鼠标左键并拖曳，多次涂抹图像，即可提高汽车局部的色彩亮度，效果如图 9.29 所示。

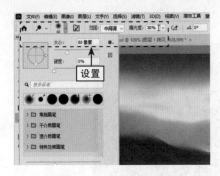

图9.28 设置各选项

图9.29 提高汽车局部的色彩亮度

9.3.3 替换汽车风光照片中的天空样式

在汽车风光照片的后期处理中，选择合适的天空样式，可以更好地突出汽车主体对象。使用 Photoshop 中的"天空替换"命令还可以创造出独特的效果，如在天空中加入戏剧性的云层或其他视觉元素，以营造出奇幻的景象。

下面介绍替换汽车风光照片中的天空样式的操作方法。

步骤 01 在菜单栏中，单击"编辑"|"天空替换"命令，弹出"天空替换"对话框，单击"单击以选择替换天空"按钮 ，如图 9.30 所示。

步骤 02 执行操作后，在弹出的列表框中选择相应的天空图像模板，如图 9.31 所示，单击"确定"按钮，即可合成新的天空图像。本实例的最终效果如图 9.22 所示。

图9.30 单击相应按钮

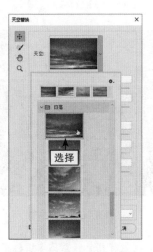

图9.31 合成新的天空图像

9.4 综合实例：草原风光

本实例主要介绍处理草原风光照片的方法，主要包括处理照片上方的电线、在草原中绘制一片湖泊、换天并添加一群飞鸟等内容。本实例的最终效果如图 9.32 所示。

图 9.32 最终效果

9.4.1 处理照片上方的电线

拍摄风光照片时，如果照片上方有电线，是非常影响画面美观度的，此时可以在 Photoshop 中运用移除工具 ✎ 去除天空中的电线，具体操作步骤如下。

步骤 01 打开一幅素材图像，如图 9.33 所示。

步骤 02 在工具箱中选择移除工具 ✎，在工具属性栏中设置"大小"为 60，调整移除工具的笔触大小，如图 9.34 所示。

图 9.33 素材图像   图 9.34 调整笔触大小

步骤 03 将鼠标指针移至图像编辑窗口上方的电线处，按住鼠标左键并拖曳，沿着电线的位置进行涂抹，释放鼠标左键，即可去除天空中的电线，如图9.35所示。

步骤 04 用同样的方法，去除天空中的另外一根电线，效果如图9.36所示。

图9.35 去除天空中的电线

图9.36 去除天空中的另外一根电线

【技巧提示】去除图像中电线的相关技巧。

在 Photoshop 中使用污点修复画笔工具 和修补工具 ，都可以移除画面中的电线元素。使用移除工具 涂抹电线时，如果操作不太方便，可以使用多边形套索工具先为电线区域绘制一个多边形选区，再使用较大的笔刷对电线进行涂抹。

9.4.2 在草原中绘出一片湖泊

在照片中的草原上添加一个湖泊，可以使画面内容更加丰富、漂亮，具体操作步骤如下。

步骤 01 运用套索工具 创建一个不规则的选区，如图9.37所示。

步骤 02 在选区下方的工具栏中单击"创成式填充"按钮，在工具栏左侧的输入框中输入关键词"暗蓝色的湖泊"，单击"生成"按钮，如图9.38所示。

图9.37 创建一个不规则的选区

图9.38 单击"生成"按钮

步骤 03 执行操作后，即可在图像中的适当区域绘制一片暗蓝色的湖泊，为风光照片添加一道美丽的风景线，效果如图9.39所示。

步骤 04 按 Ctrl + Shift + Alt + E 组合键盖印图层，得到"图层1"图层，运用移除工具 对暗蓝色的湖泊进行适当修饰处理，效果如图9.40所示。

图9.39　绘制一片暗蓝色的湖泊

图9.40　适当修饰处理湖泊

9.4.3　换天空效果并添加一群飞鸟

飞鸟可以起到装饰的作用，可以为画面带来生机与活力。下面介绍为草原风光照片换天空效果并添加一群飞鸟的方法，具体操作步骤如下。

步骤 01　单击"编辑"|"天空替换"命令，弹出"天空替换"对话框，单击"单击以选择替换天空"按钮 ，在弹出的列表框中选择相应的天空图像模板，如图9.41所示。

步骤 02　单击"确定"按钮，即可合成新的天空图像，如图9.42所示。

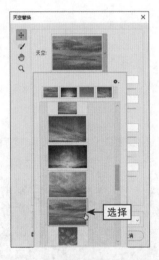

图9.41　选择天空图像模板

图9.42　合成新的天空图像

步骤 03　按 Ctrl + Shift + Alt + E 组合键盖印图层，得到"图层 2"图层，选择工具箱中的椭圆选框工具 ，在工具属性栏中单击"添加到选区"按钮 ，在图像中的适当位置绘制多个椭圆选区，在工具栏中单击"创成式填充"按钮，如图9.43所示。

步骤 04　在左侧输入关键词"飞鸟"，单击"生成"按钮，如图9.44所示。

步骤 05　稍等片刻，即可生成相应的图像效果，如图9.45所示。

步骤 06　单击"下一个变体"按钮 ，即可更换其他的飞鸟样式，效果如图9.46所示。

图9.43　单击"创成式填充"按钮

图9.44　单击"生成"按钮

图9.45　生成相应的图像

图9.46　更换其他的飞鸟样式

9.5　综合实例：珠宝广告

扫码
看视频

　　珠宝广告主要通过吸引目标受众的注意力，展示珠宝美丽、独特的设计和高品质工艺，吸引消费者购买或关注特定的珠宝品牌或产品线。本实例的最终效果如图9.47所示。

图9.47　最终效果

9.5.1　扩大珠宝广告的背景

　　拍摄产品照片时，若有些部分没有拍摄完整，可以扩展图像画布区域，然后通过"内容识别填充"功能对画布重新绘画，生成相应的图像内容，具体操作步骤如下。

步骤 01 打开一幅素材图像，如图 9.48 所示。

步骤 02 单击"图像"|"画布大小"命令，弹出"画布大小"对话框，选择相应的定位方向，并设置"宽度"为 1363 像素、"高度"为 1769 像素，如图 9.49 所示。

图 9.48　素材图像

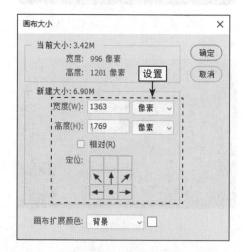

图 9.49　设置各参数

步骤 03 单击"确定"按钮，即可扩展图像画布，效果如图 9.50 所示。

步骤 04 选择工具箱中的矩形选框工具 [ ]，在图像四周的空白画布上创建多个矩形选区，如图 9.51 所示。

图 9.50　扩展图像画布

图 9.51　创建多个矩形选区

步骤 05 在菜单栏中单击"编辑"|"内容识别填充"命令，弹出"内容识别填充"面板，在下方单击"确定"按钮，即可对图像进行内容识别填充，效果如图 9.52 所示。

步骤 06 按 Ctrl＋Shift＋Alt＋E 组合键盖印图层，得到"图层 1"图层，单击"图像"|"调整"|"亮度 / 对比度"命令，弹出"亮度 / 对比度"对话框，设置"亮度"为 20、"对比度"为 5，单击"确定"按钮，调整图像的整体亮度与对比度，效果如图 9.53 所示。

图 9.52　进行内容识别填充

图 9.53　调整图像亮度与对比度

9.5.2　制作珠宝广告宣传文本

产品宣传文字要使用引人注目的字体和颜色，能够在广告中吸引用户的眼球，文字内容要能够激发观众的购买欲望。

下面介绍制作珠宝广告宣传文本的操作方法。

步骤 01 选择横排文字工具 T，输入相应文本内容并设置字体格式，效果如图 9.54 所示。

步骤 02 再次输入相应英文内容，并设置字体格式，效果如图 9.55 所示。

图 9.54　输入文本内容

图 9.55　输入相应英文内容

步骤 03 用同样的方法，在广告中的适当位置输入珠宝广告的主题文字，并设置字体格式，效果如图9.56所示。

步骤 04 单击"图层"|"图层样式"|"描边"命令，弹出"图层样式"对话框，在右侧设置"大小"为2像素、"颜色"为黑色，单击"确定"按钮，为文字添加描边样式，使主题更为突出，效果如图9.57所示。

图9.56　输入珠宝广告的主题文字

图9.57　为文字添加描边样式

扫码
看视频

9.6　综合实例：手提袋包装

　　手提袋包装既是商品携带工具，又是品牌传播媒介，通过独特的设计，让手提袋本身成为行走的广告，可以提升品牌的知名度。本实例的最终效果如图9.58所示。

图9.58　最终效果

9.6.1　制作手提袋背景与文字

通过制作色彩鲜明的手提袋背景与品牌广告文字，可以将品牌形象传达给消费者。下面介绍制作手提袋背景与文字效果的操作方法。

步骤 01　单击"文件"|"新建"命令，弹出"新建文档"对话框，设置"名称"为"手提袋包装""宽度"为 593 像素、"高度"为 768 像素、"分辨率"为 150 像素 / 英寸、"背景内容"为"白色"，如图 9.59 所示。

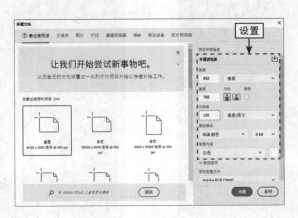

图9.59　设置各选项

步骤 02　单击"创建"按钮，新建一个空白图像，选择工具箱中的渐变工具，在工具属性栏中设置"对当前图层应用渐变"为"经典渐变"，单击右侧的渐变条，弹出"渐变编辑器"对话框，设置从青绿色（RGB 参数值为 0、126、128）到深绿色（RGB 参数值为 0、63、64）的渐变色，如图 9.60 所示，单击"确定"按钮。

步骤 03　单击"图层"面板底部的"创建新图层"按钮，新建"图层 1"图层，在工具属性栏中单击"径向渐变"按钮，将鼠标指针移至图像编辑窗口中的合适位置，按住鼠标左键从中间向下方拖曳，至合适位置后释放鼠标左键，即可填充渐变色，效果如图 9.61 所示。

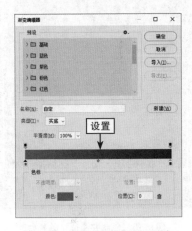

图9.60　设置从青绿色到深绿色

图9.61　新建图层并填充渐变色

步骤 04 打开"9.6.1(a).jpg"素材图像，运用移动工具 ⊕ 将素材图像拖曳至"手提袋包装"图像编辑窗口中，适当调整图像的大小和位置，效果如图 9.62 所示。

步骤 05 双击"图层 2"图层，弹出"图层样式"对话框，选中"描边"复选框，设置"大小"为 3 像素、"位置"为"外部""颜色"为白色，单击"确定"按钮，为图像添加描边效果，如图 9.63 所示。

图9.62 调整图像的大小和位置

图9.63 为图像添加描边效果

步骤 06 打开"9.6.1(b).psd"素材图像，如图 9.64 所示。

步骤 07 在"图层"面板中选择相应文字图层，复制并原位粘贴至"手提袋包装"图像编辑窗口中，效果如图 9.65 所示。

图9.64 素材图像

图9.65 复制并原位粘贴素材

9.6.2　用AI生成房产Logo与图片

使用Photoshop中的创成式填充功能，可以在手提袋包装上生成房产Logo与相应的图片效果，使手提袋包装更具品牌价值，具体操作步骤如下。

步骤 01 选择工具箱中的矩形选框工具 □，在上方适当位置创建一个矩形选区，在下方的工具栏中单击"创成式填充"按钮，如图 9.66 所示。

步骤 02 在工具栏中输入相应的关键词，单击"生成"按钮，如图 9.67 所示。

图9.66　单击"创成式填充"按钮

图9.67　单击"生成"按钮（1）

步骤 03 执行操作后，即可生成相应的图像效果，如图 9.68 所示。

步骤 04 再次运用矩形选框工具在图像的右下角创建一个矩形选区，单击"创成式填充"按钮，输入相应关键词，单击"生成"按钮，如图 9.69 所示。

图9.68　生成相应的图像效果（1）

图9.69　单击"生成"按钮（2）

步骤 05 执行操作后，即可生成相应的图像效果，如图 9.70 所示。

步骤 06 按 Ctrl + Shift + Alt + E 组合键盖印图层，得到"图层 3"图层，运用仿制图章工具 去除房产 Logo 下方的文字内容，打开"9.6.2.psd"素材图像，在"图层"面板中选择相应文字图层，复制并原位粘贴至"手提袋包装"图像编辑窗口中，效果如图 9.71 所示。

图 9.70　生成相应的图像效果（2）

图 9.71　复制并粘贴文字素材

9.6.3　制作手提袋立体效果

下面首先对所有图层进行盖印操作，然后运用"扭曲"命令、钢笔工具以及"描边"命令等，制作手提袋包装的立体效果，具体操作步骤如下。

步骤 01 单击"文件"|"打开"命令，打开"9.6.3(a).psd"素材图像，如图 9.72 所示。

步骤 02 确认"手提袋包装"为当前图像编辑窗口，按 Ctrl + Alt + Shift + E 组合键盖印图层，得到"图层 4"图层，如图 9.73 所示。

图 9.72　素材图像

图 9.73　盖印图层

步骤 03　运用移动工具将"图层 4"图层移至"9.6.3(a).psd"图像编辑窗口中，此时"图层"面板中将自动生成"图层 1"图层，按 Ctrl＋T 组合键调出变换控制框，拖曳图像四周的控制柄，调整图像的大小和位置，按 Enter 键确认变换，效果如图 9.74 所示。

步骤 04　单击"编辑"|"变换"|"扭曲"命令，调出变换控制框，依次向下和向上拖曳右上角和右下角的控制柄，扭曲图像，按 Enter 键确认变换操作，效果如图 9.75 所示。

图9.74　调整图像的大小和位置

图9.75　扭曲与变换图像

步骤 05　打开"9.6.3(b).psd"素材图像，运用移动工具将素材图像拖曳至"9.6.3(a).psd"图像编辑窗口中，适当调整图像的位置，效果如图 9.76 所示。

步骤 06　展开"图层"面板，在"背景"图层上方新建"图层 3"图层，选择工具箱中的钢笔工具，在图像编辑窗口中创建一条曲线路径，按 Ctrl＋Enter 组合键，将路径转换为选区。单击"编辑"|"描边"命令，弹出"描边"对话框，设置"宽度"为 3 像素、"颜色"为白色，单击"确定"按钮，即可描边选区，并取消选区，效果如图 9.77 所示。

图9.76　适当调整图像的位置

图9.77　创建曲线路径并描边选区

步骤 **07** 复制"图层3"图层，得到"图层3拷贝"图层，移动图像至合适位置，效果如图9.78所示。

步骤 **08** 在"图层"面板中，复制"图层1"图层，得到"图层1拷贝"图层，按 Ctrl + T 组合键，弹出变换控制框，右击，在弹出的快捷菜单中选择"垂直翻转"命令，垂直翻转图像，再适当调整图像的位置，效果如图9.79所示。

图9.78 移动图像至合适位置

图9.79 翻转图像并调整位置

步骤 **09** 在控制框内右击，在弹出的快捷菜单中选择"斜切"命令，将鼠标指针移至右侧的控制点上，单击向上拖曳，对图像进行斜切操作，按 Enter 键确认，效果如图9.80所示。

步骤 **10** 为"图层1拷贝"图层添加图层蒙版，使用渐变工具从下至上填充黑白线性渐变色，制作倒影效果，如图9.81所示。

图9.80 对图像进行斜切操作

图9.81 制作出倒影效果（1）